BODO JANSSEN

Das neue Führen

BODO JANSSEN

DAS NEUE FÜHREN

Führen und sich führen lassen in Zeiten der Unvorhersehbarkeit

ARISTON

Bibliografische Information der Deutschen Bibliothek

Die Deutsche Bibliothek verzeichnet diese Publikation in der Deutschen Nationalbibliografie; detaillierte bibliografische Daten sind im Internet unter www.dnb.de abrufbar.

MIX
Papier | Fördert gute Waldnutzung
FSC® C014496

Penguin Random House Verlagsgruppe FSC® N001967

5. Auflage

Redaktion: Regina Carstensen
Umschlaggestaltung: wilhelm typo grafisch, unter Verwendung von Fotos von Kay Blaschke/Penguin Random House und bgrocker/Shutterstock.com
Satz: Satzwerk Huber, Germering
Druck und Bindung: GGP Media GmbH, Pößneck
Printed in Germany

ISBN: 978-3-424-20285-4

Ungewissheit ist gerade die Bedingung,
die den Menschen zur Entfaltung seiner Kräfte zwingt.
Erich Fromm

Inhalt

Beweggründe und Gebrauchsanweisung

Die Inhalte und Gedanken zu diesem Buch möchte ich besonders den Menschen ans Herz legen, die tendenziell dazu neigen, (Führungs-)Bücher an Chefs zu verschenken, mit denen sie unzufrieden sind. Denn hier geht es nicht nur darum, andere zu führen, sondern - und das vor allen Dingen - sich selbst führen zu lassen.

Ohne sich dessen meist bewusst zu sein, übernimmt jeder Mensch nicht nur die Rolle des Führenden, sondern ebenso die des Geführten. Der Mitarbeiter wird von seinem Vorgesetzten geführt, der Vorgesetzte wiederum von seinem Vorgesetzten und so weiter. Und diese Kette wird fortgeführt, bis zur obersten Spitze einer Hierarchie. Viele Führungskräfte befinden sich in einer Sandwichposition und haben somit die Rolle des Führenden ebenso inne wie die des Geführten. Selbst Vorstände, Aufsichtsräte und Präsidenten werden geführt. Was für die Mitarbeitenden die Vorgesetzten sind, sind für die Vorstände, Aufsichtsräte und Präsidenten dieser Welt Geschehnisse und Umstände, über die sie nicht verfügen können: Pandemien, Kriege, Umweltkatastrophen, Marktentwicklungen oder Krisen. So ohnmächtig und machtlos sich mancher Mitarbeiter in Gegenwart seines Chefs fühlt, so ohnmächtig und machtlos fühlen sich viele Verantwortliche im Angesicht einer immer verrückter werdenden Welt. Jeder von uns wird also geführt. Ob wir wollen oder nicht.

Was sowohl die Vorgesetzten als auch die Umstände, durch die wir geführt werden, gemein haben, ist, dass wir über sie nicht verfügen können. Wir können genauso wenig über das Verhalten unseres Vorgesetzten verfügen, wie es uns nicht möglich ist, über Krisen, Katastrophen oder andere sich um uns herum entwickelnde Umstände zu verfügen. Aus diesem

Grund empfand ich es als sehr wichtig, nicht nur über das Thema Führung zu schreiben, sondern auch über die Bereitschaft und Fähigkeit, sich führen zu lassen.

Hinzu kommt, dass sich uns die Welt auf eine Art und Weise offenbart, die uns immer unsicherer werden lässt. Die Auswirkungen von Volatilität, Komplexität, Mehrdeutigkeit und Brüchigkeit bestimmen unseren privaten und beruflichen Alltag. Und die Frage, auf die ich auch eingehen werde, ist, wie es uns als Mitarbeiter, Führungskraft und Unternehmer gelingen kann, diese Zeiten der Unvorhersehbarkeit gemeinsam zu meistern. Denn das ist mir in den letzten Jahren immer bewusster geworden: Es gibt Probleme, die können wir nur gemeinsam lösen. Und die derzeit auf der politischen, gesellschaftlichen und wirtschaftlichen Agenda stehenden gehören dazu: Klimaschutz und Frieden zum Beispiel, oder in der etwas kleinteiligeren Betrachtung so etwas wie der Fachkräftemangel. Ob es den Fachkräftemangel wirklich gibt, kann ich nicht beurteilen. Was ich aber beurteilen kann, ist, dass wir den Fachkräftemangel in der Form, wie er in der Politik, in der Wirtschaft und der Öffentlichkeit diskutiert wird, bei uns im Unternehmen so nicht erleben: Drei von vier Bewerbern müssen wir derzeit absagen. Gründe dafür, weshalb das bei uns so ist, werde ich noch nennen.

Das neue Führen ist kein klassisch strukturiertes Führungsbuch, in dem verheißungsvolle Konzepte oder alles heilende Rezepte angepriesen werden. Es beschreibt eher eine sachlich-philosophische, aber auch praktische Reise, auf der ich durch die unterschiedlichen Facetten der Entwicklung unseres Familienunternehmens schlendere. Zehn Jahre nach Beginn unserer »Stillen Revolution« ziehe ich ein Zwischenfazit zu einer Entwicklung, die der *Harvard Business Manager* einst als einen am meisten beeindruckenden Wandel in der deutschen Managementgeschichte bezeichnete. Was ist davon geblieben? Was ist seitdem an Neuem entstanden?

In einem ersten Teil gehe ich darauf ein, was ein neues Führungsbewusstsein ausmacht und weshalb es uns in Zeiten der Unvorhersehbarkeit dabei helfen kann, gute Antworten auf die Fragen zu finden, die die uns alle herausfordernde Zeit mit sich bringt und noch bringen wird. In einem zweiten Teil kann jeder daran teilhaben, welche Antworten wir in unserem Unternehmen gefunden haben oder ich mit anderen und wie wir sie für uns in den Alltag übersetzt haben. In allen Teilen lade ich dazu ein, die vorliegenden Inhalte noch einmal zu vertiefen, um persönliche Antworten für komplexe Situationen zu finden.

Mit meinen eigenen Geschichten, Fragen und Übungen möchte ich eher zum Nachdenken anregen, statt pauschale Antworten zu liefern. Die passenden Antworten auf die Fragen, die sich jeder stellt, findet jeder am besten auch selbst.

Ich gehöre zu den 75 Prozent der Forsa-Umfrage vom Juli 2023, die das Gendern nicht anspricht. Aus diesem Grund habe ich zugunsten einer besseren Verständlichkeit und Lesbarkeit bei personenbezogenen Bezeichnungen auf eine geschlechterspezifische Differenzierung verzichtet und das generische Maskulinum angewandt. Dies soll jedoch keinesfalls eine Geschlechterdiskriminierung oder eine Verletzung des Gleichheitsgrundsatzes zum Ausdruck bringen. Im Sinne der Gleichbehandlung gelten deshalb entsprechende Begriffe für beide Geschlechter.

TEIL I

Bewusstsein schaffen

Zeitenwende

Viele Ingenieure brennen noch für den Verbrennungsmotor// Vor einiger Zeit hatte ich ein Gespräch mit einem mir bekannten Leiter eines Belegschaftsmanagements, es handelte sich um ein Tochterunternehmen eines großen deutschen Automobilherstellers. Er hatte um dieses Gespräch gebeten, um mich auf einen Vortrag für die Führungskräfte seines Unternehmens vorzubereiten. Ungefähr so lief es ab:

»Bodo, in diesem Unternehmen arbeiten rund 3000 Ingenieure, die für den Verbrennungsmotor ›brennen‹. Ingenieure, die schnelle und schicke Autos lieben und deren Auftrag darin besteht, Werkswagen unseres Mutterkonzerns mit Blick auf Optik und Leistung für einen exklusiven Käuferkreis weiterzuentwickeln. Nun haben wir Gewissheit darüber, dass der Verbrennungsmotor in absehbarer Zeit Geschichte sein wird. Doch was mache ich denn jetzt mit meinen Verbrennungsmotoren liebenden Ingenieuren?«

Ich fragte zurück: »Was hat für dich bisher Führungserfolg bedeutet?«

»Da sind die traditionellen Erfolgsfaktoren wie leistungsfähige Mitarbeiter, effiziente Prozesse, hohe Qualität, Innovationskraft, wirtschaftliche Ergebnisse etc.«

»Und haben diese Erfolgsfaktoren bei der Lösung deines aktuellen Problems weitergeholfen?«

»Bei der Bewältigung der aktuellen Herausforderungen geht es offensichtlich nicht nur um Zahlen, Produktivität und Qualität«, so seine Antwort.

Einen Augenblick lang überlegte ich, wie ich ihn aus der Reserve locken konnte. Schließlich fragte ich: »Was müsste denn deiner Meinung nach Führung bewirken, damit du dich, dein Team und damit das Unternehmen für die Zukunft als erfolgreich beschreiben würdest?«

Nun dachte auch mein Gegenüber eine Weile nach, schließlich erwiderte er: »Wenn meine Ingenieure nicht nur die Bereitschaft, sondern auch die Begeisterung hätten, sich für das Thema E-Mobilität einzusetzen.«

»Das ist doch schon mal was. Wenn also Führungserfolg für dich zurzeit eher nicht in den traditionellen Erfolgsfaktoren liegt, sondern mehr darin, Menschen zu befähigen, sich für etwas Neues zu begeistern, wird das Auswirkungen auf deine Art der Führung haben. Denn dann heißen die im Kontext der Führung stehenden Fragen für dich nicht mehr: Wie kann ich diesen oder jenen Prozess noch effizienter gestalten? Wie kann ich die Kosten in jedem Bereich oder in jener Abteilung weiter senken? Sondern: Wie gelingt es mir, 3000 Ingenieure für das Unvorhersehbare, das Unbekannte und vielleicht auch bisher Unbeliebte zu begeistern? Wie schaffe ich es, 3000 Ingenieure zu befähigen, gut mit dem Unverfügbaren umzugehen? Denn keiner von ihnen kann darüber verfügen, ob die E-Mobilität Einzug hält oder nicht.«

Gespräche wie diese oder Aussagen wie »So kann es nicht weitergehen« werden mir immer wieder und immer häufiger von Menschen entgegengebracht, die angesichts einer ständig verrückter erscheinenden Welt keine passenden Antworten mehr auf Fragen finden, die sich auf die Zukunft ihrer Arbeit, ihrer Führung von Mitarbeitern, ihres Umgangs mit den Chefs ihres Unternehmens oder sogar ihres eigenen Lebens beziehen. Die meisten der Menschen, von denen ich solche Aussagen oder Fragen höre, sind ratlos, fühlen sich der immer rasanter werdenden gesellschaftlichen, politischen und wirtschaftlichen Entwicklung machtlos ausgeliefert.

Vor zwölf Jahren fasste ich einen sehr wichtigen Entschluss – nämlich den, den Sinn in unserem Unternehmen nicht mehr in der Gewinnmaximierung zu sehen, nicht mehr darin, die wirtschaftliche Leistung um jeden Preis zu erhöhen, sondern darin, Menschen zu stärken. Bis zu diesem Zeitpunkt war ich der Auffassung, dass wirtschaftliches Wachstum nicht nur meine Sehnsucht nach einem glücklichen Leben erfüllt, sondern auch die Probleme des Unternehmens löst. Und so war es für mich bis 2010 darum gegangen, alles dafür zu tun, das Unternehmen aus der Abhängigkeit heraus in die wirtschaftliche Freiheit zu führen. In dem Glauben, dass Größe und Stärke unabhängig machen, versuchte ich, seine Wirtschaftsleistung zu steigern. Mein tägliches Tun bestand darin, die Mitarbeiter zu mehr Effizienz, Produktivität und Leistung anzutreiben, Transparenz, Sicherheit und Kontrolle zu gewinnen sowie sämtliche Prozesse zu optimieren und die Qualität zu steigern. Es ging für mich darum, alles aus den für mich arbeitenden Menschen und dem Unternehmen herauszuholen. Die Menschen waren damals für mich vor allem eines: Mittel zum Zweck Wirtschaftswachstum. Mittel zum Zweck, dass es dem Unternehmen gut geht und ich mich besser fühlte.

Mit meiner im Winter 2011 getroffenen Entscheidung änderte sich einiges. Der wohl maßgebliche Paradigmenwechsel bestand darin, nicht mehr den Menschen in den Dienst der Wirtschaft, sondern die Wirtschaft in den Dienst des Menschen zu stellen. Das Unternehmen als Mittel zum Zweck dafür zu betrachten, Menschen zu stärken. Doch was hieß es konkret, Menschen zu stärken? Was bedeutete das für das Unternehmen und seine Entwicklung? Zunächst war mir das alles nicht so klar, doch ich versuchte mich darin, eine »Vision von glücklichen Menschen« zu formulieren. Mir war bewusst, dass ich niemanden wirklich glücklich machen kann. Wohl aber konnte ich in meiner Rolle als Unternehmer, in der als Führungskraft, Ehemann, Vater, Freund oder Kollege durch mein Verhalten und das Schaffen von günstigen Rahmenbedingungen dazu beitragen, dass Menschen für sich das finden, um sich ein bisschen wohler in ihrer Haut zu fühlen.

Im weiteren Verlauf der sich meiner Entscheidung anschließenden Entwicklung kristallisierte sich aber ein sehr klares Bewusstsein heraus, was »Menschen stärken« konkret für mich bedeutete. Es ging darum, dass sie abends aufrechter nach Hause gehen, als sie morgens zur Arbeit gekommen sind. Menschen zu stärken hieß, sie auf ihrem Weg aus der Angst heraus ins Vertrauen, aus der Fremdbestimmung in die Selbstbestimmung, aus der Opferrolle in die Selbstverantwortung zu begleiten. Sie dabei zu unterstützen, die Fähigkeit und Bereitschaft zu entwickeln, sich den persönlichen, privaten und beruflichen Herausforderungen zu stellen, anstatt vor ihnen zu flüchten. Das Leben (einschließlich der Arbeit) lieben zu lernen, was auch immer das Leben ihnen beschert. Oder einfach ein Leben zu leben, das zu ihnen passt. Eine Arbeit auszuüben, die zu ihnen passt.

Meinen persönlichen Anspruch hatte ich noch ein bisschen erhöht. Denn ich ordnete der Stärkung des Menschen einen Begriff aus der antiken ethischen Philosophie zu: die Eudämonie (griech. *eudaimonia*; Glück, Zustand des Menschen, in dem die Gottheit, *daimon*, wohlgesinnt ist). Sie beschreibt eine innere Zufriedenheit jenseits äußerer Faktoren. Ein psychisches, physisches und soziales Wohlbefinden unabhängig davon, was um einen herum geschieht; hemdsärmlig vielleicht mit Resilienz übersetzt. Das war das, wofür unser Unternehmen stehen sollte. Das war das, wofür ich mich einsetzen wollte. Am besten täglich. Daraus entstand die Frage: Was bedeutet dieser für mich neue Anspruch für das Unternehmen? Was bedeutet es für Führung, die in der Absicht geschieht, Menschen zu stärken? Für die Kommunikation, die Organisation, die Infrastruktur, für Produkte, Angebote, Erfolgsmodelle, Sichtweisen, Entscheidungen und Verhaltensmuster? Und so machte ich mich vor zwölf Jahren auf den Weg, nicht nur Antworten auf diese Fragen zu finden, sondern versuchte auch gleich die gefundenen Antworten in die Tat umzusetzen.

Was ich damals weder wusste noch erahnte, war, dass die Folgen meiner Entscheidung offensichtlich immer mehr Menschen im Unternehmen dazu befähigten, sich in diesen anspruchsvoller werdenden, herausfordernden Zeiten immer besser zurechtzufinden.

Zurück in die Zukunft

Wenn die Verheißung von früher zur Bedrohung von morgen wird// In einem Telefonat kam ich mit dem Mitarbeiter eines Verlags auf den forensisch-psychiatrischen Gerichtsgutachter Dr. Reinhard Haller zu sprechen. Er beschäftigt sich unter anderem mit der Frage, wie es uns gelingt, uns selbst in schwierigen Zeiten nicht verrückt zu machen. Und ein von ihm betrachteter Aspekt war es dann auch, der mich aufhorchen ließ, denn mein Gesprächspartner zitierte den österreichischen Mediziner mit dem folgenden Satz: »Die heute als verrückt bezeichneten Zeiten sind im Lauf der Geschichte eigentlich die normalen, und die normalen Zeitepochen die wirklich verrückten.«

Mich erinnerte die Aussage an die Beerdigung der Großmutter meiner Frau Claudia, die 1935 geboren wurde und nach sechsundachtzig, zum Teil sehr herausfordernden Lebensjahren verstarb. Auf ihrer Beerdigung sagte der Pastor: »Gerhardine war eine Frau, die das Leben zu nehmen wusste, wie es kam.« Die Großmutter meiner Frau erfuhr Zeiten, die durch Kriege, Hunger, Armut und Angst geprägt waren. Aber nicht nur ihre Generation, sondern ebenso die meisten vor ihr waren durch militärische Auseinandersetzungen, Seuchen, Hunger und Not oder Naturkatastrophen geprägt. Erst die Generationen nach dem Zweiten Weltkrieg hatten, zumindest in Westeuropa, das unglaubliche Glück, in einer Zeit aufzuwachsen, die vor allem durch Wohlstand und Frieden geprägt war, einer Zeit, in der die Menschen die meisten der herausfordernden Umstände der früheren Generationen in dieser Form nie erfahren mussten und in der die Steigerung des Bruttosozialprodukts zum Goldenen Kalb, zum Gott erkoren wurde. Und der Glaube, dass Wirtschaftswachstum alle Probleme löst, wurde zum Credo einer ganzen Generation.

Und so führte die vermeintliche Glücksformel: »Je größer das Bruttosozialprodukt, desto höher der Wohlstand und das Wohlbefinden« dazu, dass die Wirtschaft nicht dem Menschen diente, sondern die Menschen sich und ihre Gesundheit der Wirtschaft, dem Wohlstand opferten.

Doch was wir seit Beginn der Zwanzigerjahre im neuen Jahrtausend erfahren, lässt uns aufhorchen. Wir erleben etwas, was wir vielleicht geahnt haben, aber zugleich einiges, was wir uns so nicht vorstellen konnten. Auch wenn wirtschaftliches Wachstum und Globalisierung über Jahrzehnte für Sicherheit, Stabilität und Frieden gesorgt haben, war uns bewusst, dass es kein unendliches Wachstum geben konnte. Und so hat uns der Kampf um die für das Wachstum erforderlichen Arbeitskräfte und Rohstoffe wieder in Situationen gebracht, die für unsere Vorfahren normal waren: Inflation, Energiekrise, Rohstoffmangel, Flüchtlingswellen, Pandemien, Klimakatastrophen und nicht zuletzt einen erneuten Krieg in Europa. Der Unterschied zu den vorherigen Generationen besteht jedoch darin, dass wir die Einstellungen und die Fähigkeiten verloren oder verlernt haben, in dieser für uns neuen Welt, die mit Modellen wie VUCA (die Abkürzung für Volatility, Uncertainty, Complexity, Ambiguity, also Volatilität, Ungewissheit, Komplexität und Ambiguität) oder BANI (Brittle, Anxious, Nonlinear, Incomprehensible; Brüchig, Verunsichert, Non-Linear, Unverständlich) beschrieben werden, um mit neuen Herausforderungen zurechtzukommen. Und so erleben wir, dass sich der »Gott« des Wohlstands nicht im gleichen Maße für unser Wohlbefinden verantwortlich gefühlt hat, dass unendlicher Wohlstand eben nicht unendliches Wohlbefinden bedeutet. Denn uns begegnen immer mehr Menschen, die überfordert sind, unter Burn-out, Depressionen oder anderen psychosomatischen Erkrankungen leiden. Und das völlig unabhängig vom Gehalt. Doch was ist dann die Währung, wenn der Euro an Bedeutung verliert?

Gesundheit? Psychisches, physisches oder soziales Wohlbefinden? Sinn? Und welche Anforderungen stellt dies an die Führung von morgen?

Führung, sich führen lassen und sich selbst führen

Führung hoch drei// Die Fragen, die aktuell zum Thema Führung diskutiert werden, unterscheiden sich nicht sehr von denen der Vergangenheit. Es sind vielleicht ein paar hinzugekommen, jedoch richtet sich der Fokus letztendlich auf eine Frage: Wie führe oder transformiere ich ein Unternehmen, eine Abteilung, ein Team erfolgreich? Wie das gelingt, hat sich meinen Erfahrungen und Beobachtungen nach in den letzten Jahren stark gewandelt. Führung ist im Wesentlichen von drei Faktoren abhängig. Von der Absicht, mit der ich führe, von dem Kontext, in dem ich führe, sowie den Menschen, die ich führe. Und da sich der Kontext, in dem Führung geschieht, und das Bewusstsein der Menschen, die geführt werden, einem permanenten Wandel unterliegen, macht es Sinn, sich immer wieder mit dem Thema Führung neu zu befassen.

Beim Führen geht es nicht um Kategorien wie Richtig oder Falsch, Gut oder Schlecht, denn ob ich meine Führung als richtig oder falsch, gut oder schlecht empfinde, hängt stark davon ab, mit welcher Absicht ich führe, was Führungserfolg für mich bedeutet. In Gesprächen mit Kollegen, aber auch mit anderen Unternehmern oder Führungskräften mache ich häufig dic Erfahrung, dass wir alle über Führung sprechen, aber jedoch ein unterschiedliches Bewusstsein davon haben, was Führung für den jeweiligen Menschen bedeutet. Eine Diskrepanz zwischen dem, was Führung bedeutet, herrscht nicht nur zwischen vielen Trainern, Coaches, Beratern und den Führungskräften eines Unternehmens, sondern ebenso und ganz besonders zwischen Führungskräften und ihren Mitarbeitern. Eine Gallup-Studie von 2010 zeigte auf, dass 97 Prozent der Führungskräfte glaubten, einen guten Job zu machen, während über 90 Prozent der Mitarbeiter aufgrund des Vorgesetzten kündigten. 2020 wurde die Studie wiederholt, mit einem identischen Ergebnis: »Führungskräfte sind der wahre Produktivitätskiller.«

Offensichtlich gibt es hier ein Missverständnis, fehlt ein gemeinsames Verständnis darüber, was Führungserfolg für beide Parteien bedeutet, was das passende Führungsverhalten ausmacht. Und Missverständnisse führen nicht zum ersten Mal zu Konflikten, zu gestörten Beziehungen, die über kurz oder lang mit sich bringen, dass sich Menschen voneinander trennen. Die Frage, die sich daraus ableitet, lautet: Welches Bewusstsein, welcher Eigenschaften, Fähigkeiten und Verhaltensweisen bedarf es, um Führende und Geführte wieder zusammenzubringen?

Mitgefühl statt Datenbank// Was uns dabei hilft, die Beziehung zwischen Führenden und Geführten erneut gelingen zu lassen, ist die Fähigkeit, die Situation des jeweils anderen nachzuempfinden, uns in die Lage unseres Gegenübers hineinzuversetzen. Empathie ist also eine wichtige Voraussetzung. Der 2018 verstorbene britische Astrophysiker Stephen Hawking mahnte uns, dass das Überleben der Menschheit von ihrer Fähigkeit zur Empathie abhängig sei. Und auch mit Blick auf die sich rasant entwickelnde künstliche Intelligenz können wir absehen, dass Empathie etwas sein wird, die uns von KI nicht abgenommen werden kann. Denn Empathie, also die Bereitschaft, Emotionen und Gedanken, Motive anderer zu erkennen, zu verstehen und zu fühlen, sich also in andere hineinversetzen zu können, unterscheidet den Menschen von der Maschine.

Doch seit Beginn der Industrialisierung wurde uns genau das abtrainiert, denn mit ihrem Einzug ging es darum, die Maschine als Idealbild anzusehen, und Führungskräfte von Fabriken waren darauf ausgerichtet, die menschliche Leistungsfähigkeit an die einer Maschine anzupassen, an die Erfordernisse der Produktion. Der Mensch musste entsprechend ihren Anforderungen und Standards normiert werden, Privates und Persönliches mussten am Werkstor abgegeben werden. Und nun erleben wir, dass die vom Menschen geschaffenen Maschinen ihn immer öfter ersetzen und es nun mehr darauf ankommt, die Menschlichkeit und all die von ihr ausgehenden Fähig- und Fertigkeiten wieder zu entdecken und zu erlernen.

Und wer sich schon mit künstlicher Intelligenz befasst hat, wird zudem zu der Erkenntnis gelangen, dass das, was die Entwicklung der Maschine für das Handeln des Menschen bedeutete, sich bei KI wiederholen wird. Nur dass es hierbei weniger um unser Handeln als vielmehr um unser Wissen geht. Die Generierung, der Zugriff und die Nutzung von Wissen wird immer unabhängiger von einzelnen Menschen. ChatGPT erzeugt in Sekundenschnelle Wissen und macht es öffentlich zugängig. Aber viele Führungskräfte in technischen Berufen, Ingenieure etwa, aber auch Betriebswirte und Ökonomen haben ihre Führungsarbeit und -position auf dem Fundament ihres Wissens aufgebaut. Doch was bedeutet das für sie, wenn ihr Wissen in Zukunft von KI generiert wird, ihr Wissen nicht mehr mit Macht gleichzusetzen ist, sondern für ihre Führungsarbeit immer mehr an Bedeutung verliert. Wie werden sie damit umgehen, wenn KI sie abermals auf das zurückwirft, was von ihnen jahrelang als »weicher Faktor« abgetan wurde: Menschlichkeit. Und wird KI uns dazu bringen, uns von der Wissens- in eine Weisheitsgesellschaft zu transformieren? »Die Macht der Ingenieure und Ökonomen brechen«, so formulierte es Thomas Sattelberger, ehemaliger Vorstand der Telekom in *Die stille Revolution*, unserem Kinofilm zum Kulturwandel in der Arbeitswelt. Und er führte weiter aus: »Sozialwissenschaftler und Philosophen in die Führungspositionen.« Bisheriges Führungswissen und

-verhalten in Zeiten der Unvorhersehbarkeit und von künstlicher Intelligenz werden schneller an ihre Grenzen stoßen, als sich das manch einer wünscht und vorstellen kann. Doch was machen wir mit dieser Erkenntnis?

Reflexion ist produktiver als Aktion// Was mir geholfen hat, mich als Führungskraft wieder besser in mein Gegenüber hineinzuversetzen, war die Erinnerung daran, welche unterschiedliche Formen der Führung ich bisher erlebt hatte. So versuchte ich mich zum Beispiel zu entsinnen, von welchen Menschen ich bisher geführt wurde und welches Verhalten sie dabei an den Tag gelegt hatten. Dann begann ich mir klarzumachen, ob dieses Verhalten anfangs für mich problematisch, aber mittelfristig doch hilfreich war, oder ob es sich genau umgekehrt verhielt. Bei der Auswahl der Menschen, an deren Führung ich mich erinnern wollte, ging ich sehr breit vor, ich scheute mich nicht davor, bis in die Kindheit vorzudringen, zu meiner Mutter, meinem Vater, den Lehrern. Meine Französischlehrerin hatte zwar sehr streng gewirkt, aber sie wurde von allen respektiert – was war ihr Geheimnis von Führung gewesen? Ohne dass ich es als Jugendlicher jemals hätte konkret benennen können, würde ich meine damalige Lehrerin heute als einen Menschen beschreiben, der genauso glaubwürdig wie besonnen und konsequent war. Aber allem voran ein ehrliches Interesse daran hatte, dass wir Kinder uns weiterentwickelten. Frau Willms war auf ihre Art und Weise einfach authentisch.

Neben der Erinnerung waren es weiterhin aktuelle Beobachtungen, die mir halfen, sowohl ein Bewusstsein als auch eine Empfindung dafür zu entwickeln, wie es sich anfühlt, geführt zu werden. Der Startschuss war ein Gefühl der Ohnmacht, der Machtlosigkeit, das ich besonders in den letzten Jahren immer dann spürte, wenn ich einer Situation ausgesetzt war, über deren Entwicklung und Ausgang ich nicht verfügen konnte. Als ich über diese Situationen reflektierte, wurde mir bewusst, dass es nicht nur Mitarbeiter sind, die geführt werden, sondern letztlich jeder Mensch geführt wird. Und zwar völlig unabhängig davon, in welcher Position er sich befindet. Somit ist wichtig, auch als Führungskraft wieder das Bewusstsein, die Bereitschaft und die Fähigkeit zu entwickeln, sich führen zu lassen. Das trägt zu einer Gemeinschaft bei, die entscheidend ist für ein Bestehen in einer Welt, in der es von Tag zu Tag dynamischer, komplexer, brüchiger, mehrdeutiger, ja unvorhersehbarer wird. Die den zukünftigen Anforderungen genügende Führung setzt also die Bereitwilligkeit voraus, sich führen zu lassen und sich nicht nur durchsetzen zu wollen. Doch dieser Einsatz entwickelt sich erst mit der Kompetenz, sich selbst führen zu können.

Sich selbst führen bedeutet vor allem, sich kennenzulernen// Die Art und Weise meiner Führung hängt also nicht nur von meiner Absicht, dem Kontext und den Menschen ab, die von mir geführt werden. Entscheidend ist weiterhin, was ich in die Führung mit einbringe, was mich als Menschen ausmacht, mein persönliches Welt-, Menschen- und Selbstbild, meine Lebensgeschichte, meine bislang gemachten Erfahrungen, seien sie gut oder schlecht, und mein Bewusstsein darüber, was mir als Mensch wirklich wichtig ist und zu meinem Leben passt. Mein Weltbild ist nur Ausdruck der Umgebung, in die ich hineingeboren wurde, in der ich aufwuchs und erzogen wurde. Und somit ist klar, dass die aus meinem Weltbild heraus wirkenden Überzeugungen abhängig sind von meiner Geschichte. Meiner Lebensgeschichte. Und die Lebensgeschichte eines Menschen ist nie richtig oder falsch. Dazu gehört ebenso mein Bild, das ich mir davon mache, wie Führung auszusehen hat. Zunächst einmal ist auch das nicht richtig oder falsch. Zu fragen ist nur: Passt meine Führung noch zum Unternehmen oder in die heutige Zeit? Bewirken meine Hände, mein Handeln und meine Argumente, die ich aus meinen Überzeugungen entwickelt habe, noch das, was wir brauchen, um in dieser chaotischen Welt zu bestehen?

»Nur wer sich selbst führen kann, kann auch andere Menschen führen«, hieß es vor dreizehn Jahren, als ich das erste Mal ein Kloster betrat, um etwas über Führung zu lernen. In diesem Sich-selbst-Führen, bei dieser Arbeit an sich selbst, ging es zunächst darum, sich selbst besser kennenzulernen, Antworten auf die Fragen zu finden, was mich berührt, begeistert oder bewegt, was mir im Leben wirklich wichtig ist, mich erfüllt und Freude bereitet. Und welche Fähigkeiten und Talente mir dafür zur Verfügung stehen, all das zu verwirklichen. Selbstführung führt zur Selbsterkenntnis, Selbsterkenntnis zu Selbstvertrauen, und Selbstvertrauen lässt mich darauf vertrauen, mit all dem zurechtzukommen, was mir das Leben »auftischt«, so chaotisch es auch sein mag. Die Erfahrung, die ich persönlich damit machte, mich selbst zu führen, war, dass es zwischenzeitlich ganz schön unbequem sein konnte. Als Ausgleich hatte ich aber ein Fundament geschaffen, auf dem ich ein Leben aufbauen konnte, das zu mir passt. Zudem wurde meine Gefühlswelt ein bisschen unabhängiger von dem, was um mich herum so alles passierte.

Es ist wichtig, Führung und Arbeit an die menschlichen, gesellschaftlichen, politischen, wirtschaftlichen und klimatischen Entwicklungen anzupassen. Genauso zwischen Führenden und Geführten ein gemeinsames Verständnis zu haben, worauf es in Zeiten der Unvorhersehbarkeit wirklich ankommt. Es gibt Probleme, die können wir nur gemeinsam lösen. Und die sich abzeichnenden Entwicklungen in Gesellschaft, Politik, Wirtschaft und Klima gehören dazu!

Toxische Führung

Wer kränkt, macht krank// Im März 2023 erhielt ich von einer Redakteurin des *Spiegels* die Einladung zu einem Interview über toxische Führung. Es dauerte nicht lange, bis wir herausgearbeitet hatten, dass sich das Toxische nicht nur auf Führung selbst bezieht, sondern ebenso auf die Rahmenbedingungen. Natürlich gibt es ein Führungsverhalten, das krank werden lässt. Eine Führungskraft, die Menschen kränkt, macht krank. Aber genauso existieren Rahmenbedingungen, die Menschen krank werden lassen. Bekommt ein Mensch nicht die Möglichkeit, das, was er gerne macht und ihm wichtig ist, auch gut machen zu können, wird ihn das auf Dauer frustrieren. Und zu guter Letzt sprachen wir darüber, dass der gekränkte oder kranke Mitarbeiter nicht unbedingt die Folge eines kränkenden Führungsverhaltens oder krank machender Rahmenbedingungen sein muss, sondern jeder mehr oder weniger »Gift« in sich trägt, also im übertragenen Sinn schon »krank« zur Arbeit kommt.

Spontan fielen mir zwei Geschichten ein, anhand derer ich auf toxisches Führungsverhalten eingehen und einen Umgang damit beschreiben konnte. Erstere ereignete sich im Rahmen der Vorbereitung für einen Workshop mit dem Generalvikar eines österreichischen Bistums. In unserem Gespräch wurde ich auf die Ergebnisse einer Mitarbeiterbefragung hingewiesen, die zum Ausdruck gebracht hatte, dass viele Mitarbeiter sich von ihren Führungskräften nicht gesehen fühlen. So wurde mir erzählt, dass es manchen Führungskräften wohl nicht möglich sei, ihre Mitarbeiter zu grüßen, wenn sie diesen auf den Fluren begegnen. Die Mitarbeiter fühlten sich durch dieses Verhalten weder gesehen noch wertgeschätzt, seien deshalb unzufrieden.

»Was können wir tun, dass sich das Verhalten der Führungskräfte gegenüber den Mitarbeitern ändert?«, fragte der Generalvikar. »Können wir überhaupt etwas machen?«

Ich antwortete: »Wir können sehr wohl versuchen, die Führungskräfte dazu zu bewegen, ihren Mitmenschen ein bisschen mehr Aufmerksamkeit zu schenken. Aber darüber verfügen, dass es tatsächlich geschieht, kann ich nicht. Aus diesem Grund wird es nicht allein darum gehen, mit den Führungskräften zu arbeiten, sondern mindestens genauso wichtig wird sein, die Mitarbeiter dazu zu befähigen, sich durch dieses Führungsverhalten nicht zu sehr beeinträchtigen zu lassen.«

Der Anspruch, den ich in die Arbeit mit den Mitarbeitern einbringe, findet seinen Ursprung in der Vorstellung, dass kein Vorgesetzter auf dieser Welt die Macht darüber hat, wie sie sich fühlen. Es ist die Vorstellung, eine innere Kraft zu entwickeln, die jede Führungskraft mit Blick auf deren innere Zufriedenheit machtlos erscheinen lässt. Es geht also darum, die Resilienz der Mitarbeiter gegenüber dem Verhalten ihrer Führungskräfte zu steigern. Ihr Wohlbefinden weniger von dem Verhalten anderer Menschen abhängig zu machen.

Bei der zweiten Geschichte war es mein Verhalten, das dazu führte, dass eine Mitarbeiterin tatsächlich krank wurde. Vor ein paar Jahren hatte ich mir spontan überlegt, in Zukunft kein eigenes Büro mehr belegen und nutzen zu wollen. Also räumte ich meine »sieben Sachen« zusammen und arbeitete fortan nur noch von unterwegs. Obwohl ich das Gefühl hatte, alles Organisatorische für diese Veränderung meiner Arbeitsweise mit dem Team besprochen zu haben, wies eine Mitarbeiterin nach diesem Wechsel immer stärker werdende körperliche Symptome auf: Es fing mit Zähneknirschen an, weiter hatte sie Blockaden in der Schulter und Taubheitsgefühle in den Händen. Irgendwann konnte sie sich nicht einmal mehr ihre Jacke selber anziehen. Ein paar

Monate später kam durch Zufall heraus, dass sie nach meinem Auszug aus meinem Büro immer wieder in Situationen geriet, in denen sie sich machtlos fühlte, weil ich bei für sie akuten Fragestellungen nicht mehr so zu erreichen war, wie sie es bisher gewohnt war. »Mir sind die Hände gebunden« und »Beiß die Zähne zusammen« waren zwei ihrer Aussagen, die uns in einem Gespräch mit meiner Frau Claudia (sie ist Ärztin mit einem psychiatrischen Hintergrund) auf die Spur führten, dass es wohl zwischen meinem Verhalten und den Symptomen einen psychosomatischen Zusammenhang geben könnte. Und tatsächlich: Nach dem gemeinsamen Finden einer Lösung für unsere Zusammenarbeit wurden die körperlich so einschränkenden Symptome wieder weniger.

Einmal mehr wurde mir deutlich, dass wir uns als Führungskraft gar nicht häufig genug die Frage stellen sollten, welche Auswirkungen das eigene Verhalten auf andere hat. Wie viele der Führungskräfte sind sich der menschlichen Auswirkungen ihres Verhaltens auf andere überhaupt nicht bewusst?

Wenn Bürokratie und Arbeitsbelastung den Menschen die Luft zum Atmen nimmt// In dem Gespräch mit der *Spiegel*-Redakteurin hatten wir als weiteren Aspekt die Rahmenbedingungen thematisiert, die einen maßgeblichen Einfluss darauf haben, ob Menschen bei der Arbeit dauerhaft frustriert und dadurch krank werden – oder nicht. Auch dazu fiel mir ein Beispiel ein. Im Herbst 2021 hatten wir uns unter dem Motto »Weniger ist mehr« dafür entschieden, die Auslastungsgrenze unserer Hotels nach oben zu limitieren. Konkret bedeutete das, dass die Direktorin eines Hotels mit hundert Zimmern einen Buchungsstopp bei neunzig belegten Zimmern einrichtete. Denn Mitarbeiter, die sich qualifiziert und weiterentwickelt haben, so unsere Überlegung, würden irgendwann frustriert sein, wenn sie aufgrund des Auftragsvolumens ihre Fähigkeiten nicht mehr so einsetzen können, dass sie ihrem Anspruch gerecht werden. Es ist dann einfach zu viel zu tun, um gut sein zu können. Und das bekümmert jeden.

Aus diesem Grund macht es Sinn, die Rahmenbedingungen so zu gestalten, dass sie dem Maß der Mitarbeiter gerecht werden. Sie sollen zu ihrer Persönlichkeit, ihren Fähigkeiten, Eigenschaften und Kompetenzen passen. Und tatsächlich: Durch die eingezogenen Auslastungsgrenzen in den Hotels haben wir ein besseres Verhältnis zwischen Gast und Mitarbeiter geschaffen. Überdies haben wir Freiräume geschaffen, die es den Mitarbeitern ermöglichen, bei Problemen angemessener zu reagieren. Konsultiert der Gast nun aufgrund einer Problematik im Zimmer den Mitarbeiter an der Rezeption, muss dieser nicht resigniert darauf verweisen, keine alternative Lösung zu haben, sondern kann dem Gast ein Upgrade vermitteln. Beide sind in diesem Moment zufrieden. Der Gast mit seinem Upgrade und der Mitarbeiter mit der Möglichkeit, dem Gast eine Lösung anbieten zu können.

Das ist das, wofür ein Mitarbeiter brennt, wofür viele Mitarbeiter brennen: Lösungen zu finden! Und etwas gut machen zu dürfen! Hätte der Mitarbeiter für den Gast keine Lösung (ein alternatives Zimmer), würde er sehr schnell genauso unbefriedigt sein wie der Gast. Er kann ihm nicht helfen. So etwas macht ein Mitarbeiter zweimal mit, bevor er sich in den Krankenstand verabschiedet, weil er in eine Situation hineinmanövriert wurde, die für ihn ausweglos ist, in der er sich ohnmächtig fühlt, die ihn stresst und ihm über den Kopf wächst. Und Mitarbeiter, die dauerhaft gestresst sind, werden krank.

Gleiches gilt für die Mitarbeiter im Service. Wenn ich einen Gast nur noch abfertigen muss, ich Gastfreundschaft nicht leben kann, also nicht die Zeit dafür habe, Freund sein zu können für jemanden, der bei mir zu Gast ist, wird das den Mitarbeiter nur verbittern. Dabei wird die Wirtschaftlichkeit durch diese vermeintlich paradoxe Intervention der Auslastungsgrenze gestärkt. Denn zur guten Handlung befähigte Mitarbeiter sorgen nicht nur für einen geringen Krankenstand (bei uns unter zwei Prozent), Vitalität, Präsenz und Ausstrahlung, sondern auch für eine hohe Qualität und damit für zufriedene Gäste. Und die wiederum sprechen proaktiv über das, was sie erlebt haben, und sorgen damit für eine größere Nachfrage. Und Angebot und Nachfrage regeln den Preis. Das bedeutet, dass wir nicht unsere Preise, sondern ebenso unseren Deckungsbeitrag deutlich steigern konnten. Unterm Strich haben alle gewonnen.

Meiner Erfahrung nach gilt das nicht nur für die Rezeption oder den Servicebereich, sondern auch für fast alle bürokratischen Zwänge und festgeschriebenen Budgets, die den Mitarbeitern die Möglichkeit nehmen, sich für das einzusetzen, worauf es wirklich ankommt. Aus den vernichtenden Ergebnissen der Mitarbeiterbefragung, die bei uns zu dem Unternehmenswandel geführt haben, war das zum Beispiel mit ein Grund dafür, weshalb die Mitarbeiter so genervt waren: »Bodo, seitdem du im Unternehmen bist, hat die Bürokratisierung überhandgenommen. Weil du alle möglichen Zahlen, Daten und Fakten brauchst, sind wir die Hälfte unserer Zeit damit beschäftigt, Checklisten auszufüllen, Prozesse zu beschreiben, Budgets zu planen und Audits durchzuführen. Für das, wofür wir wirklich da sind, bleibt keine Zeit mehr. Das ist frustrierend, sehr frustrierend.«

Manche Menschen brauchen Probleme, um glücklich zu sein// Auch wenn es Führungskräfte gibt, die Führung mit Nötigung verwechseln, heißt das noch lange nicht, dass immer das Verhalten einer Führungskraft oder die von ihr geschaffenen Rahmenbedingungen die Ursache für die Unzufriedenheit oder sogar Krankheit eines mitarbeitenden

Menschen sind. Und so war der dritte Aspekt, den ich in das Interview mit der *Spiegel*-Redakteurin einfließen ließ, das »Gift«, das jeder von uns in sich trägt. Gemeint sind damit die Verletzungen, die jeder von uns im Laufe seines Lebens erlitten hat.

Einen Hinweis darauf, dass ein Mensch nur bedingt verantwortlich für die Zufriedenheit seiner Mitmenschen sein kann, fand ich in einem Gespräch in einem ganz anderen Zusammenhang. In diesem formulierte eine Gruppe von Mitarbeitern, dass sie zukünftig die Zufriedenheit ihrer Gäste garantieren wollen.

»Wie sicher seid ihr euch denn, über die Zufriedenheit eines Gastes uneingeschränkt verfügen zu können?«, fragte ich.

»Wenn wir einzigartige Rahmenbedingungen schaffen und dem Gast in unserer herzlichen und offenen Weise begegnen, können sie gar nicht anders als zufrieden sein«, antworteten sie einhellig.

»Gut«, sagte ich, »aber was ist, wenn einem Gast vor seiner Anreise etwas zugestoßen ist? Vor Kurzem hatte ich in meinem Kurs eine Teilnehmerin, die einen Tag vor ihrer Anreise die Diagnose Brustkrebs erhalten hat. Hättet ihr dieser Frau Zufriedenheit garantieren können?«

Alle schüttelten mit dem Kopf. Ihnen wurde klar, dass wir wohl darüber verfügen können, wie freundlich, herzlich und offen wir uns gegenüber anderen Menschen verhalten können, auch können wir darüber entscheiden, wie ansprechend wir alles vorbereiten, aber darüber, wie es einem Menschen tatsächlich geht, das liegt nur sehr bedingt in unserer Macht. Und das, was in diesem Fall für einen Gast gilt, gilt für jeden Menschen, dem wir begegnen – und somit auch für alle Mitarbeitenden. Jeder Mensch führt in sich einen Kampf, von dem wir nichts wissen. Die einen mehr, die anderen weniger. Jeder hat seine Geschichte, die auch Verletzungen beinhaltet.

Und diese bleiben mit Blick auf den Einzelnen und die Gemeinschaft nicht ohne Folgen.

Während einer Autofahrt mit Bettina, der Leiterin unseres Bereichs Ferienwohnungen, kamen wir auf eine Mitarbeiterin an einem Urlaubsstandort zu sprechen, deren Verhalten das Team um sie herum zunehmend frustrierte. »Nörgel-Inge« wäre eine passende Bezeichnung für diese Mitarbeiterin gewesen, denn sie war dafür bekannt, immerzu nur Probleme zu sehen. Und selbst wenn eines beseitigt wurde, dauerte es nicht lange, bis sie das nächste auf den Tisch brachte. Je länger Bettina und ich diesen Sachverhalt drehten und wendeten, desto bewusster wurde uns, dass es offensichtlich nicht nur Menschen gibt, deren Absicht darin besteht, Probleme lösen zu wollen, sondern auch welche, die Probleme unbewusst oder sogar ganz bewusst nutzen. Letztere haben für sich im Erschaffen oder Formulieren von Problemen eine wirksame Möglichkeit erkannt, um Aufmerksamkeit zu bekommen. Für einen Moment fühlen sie sich bedeutsam.

Das, wonach sich jeder Mensch sehnt, ist Aufmerksamkeit und Anerkennung. Schon in unserer frühen Kindheit machen wir die Erfahrung, dass bestimmte Verhaltensweisen dazu beitragen, das zu erhalten, was wir uns wünschen. Die einen machen die Erfahrung, dass sie für besonders gute Leistungen mit Aufmerksamkeit und Anerkennung bedacht werden. Andere wiederum erleben durch auffälliges Verhalten Aufmerksamkeit, da sie diese auf anderem Wege nicht bekommen. Menschen, die gelernt haben, dass das Aussprechen oder Bereiten von Problemen ihnen Aufmerksamkeit verschafft hat, werden diese Strategie weiterverfolgen. Ihr Leben lang oder zumindest so lange, bis sie sich dieses Verhaltens bewusst werden und es ändern. Im Umgang mit diesen Menschen macht es keinen Sinn, zu versuchen, alle Probleme zu beseitigen. Sie werden immer wieder neue Probleme identifizieren, im schlechtesten Fall sogar selbst welche provozieren, so wie bei Feuerwehrleuten, die eigenmächtig einen Brand legen. Alles nur, um sich einer Aufmerksamkeit gewiss zu sein. Diese Menschen brauchen Probleme, um glücklich zu sein.

Ärzte schreiben Mitarbeiter von ihrer Arbeit, nicht aber von ihrem Privatleben krank// Ein weiteres Erlebnis mit dem »Gift« in uns hatte ich in einem Gespräch mit einem aus psychischen Gründen krankgeschriebenen Mitarbeiter. Er ließ mich wissen, dass es nicht die Arbeit sei, die ihn krank gemacht habe, sondern etwas in seinem privaten Umfeld. Dies habe er auch seinem Therapeuten gesagt, der darauf erwiderte, dass er ihn nur im Hinblick auf die Arbeit krankschreiben könne, nicht aber aufgrund seines privaten Lebens.

Für mich wurde hier nochmals deutlich, dass nicht nur die Arbeit die Menschen krank macht, sondern dass das, was sie krank macht und sie in sich tragen, mit ihrem privaten Umfeld zu tun hat und sie vielleicht sogar die Arbeit brauchen, um sich ein Stück weit besser zu fühlen. Nur wenige sind sich dessen bewusst, und so projizieren sie frühere Verletzungen, ihre innere Unzufriedenheit oder ihre Probleme aus dem privaten Bereich auf ihr Arbeitsumfeld, ihre Vorgesetzten oder Kollegen. Ihr Umfeld zahlt dann quasi die Rechnung für etwas, was weit in der Vergangenheit liegt und mit dem es überhaupt nichts zu tun hat. Viele kennen wahrscheinlich das Gefühl, sich dafür verantwortlich zu fühlen, wenn ihnen jemand aus ihrem Umfeld begegnet, der genervt oder sauer ist: »Habe ich irgendetwas verbrochen?« ist dann so ein Gedanke, der aufkommt. Und weiterhin gibt es Führungskräfte, die darauf einsteigen und auf verlorenem Posten stehen, weil es ihnen nicht gelingt, diese Menschen aus ihrem Frust oder der Depression herauszuholen.

Was ich damit zum Ausdruck bringen möchte: Nicht nur das Verhalten vieler Führungskräfte und die Rahmenbedingungen unserer Arbeitswelt sind maßgeblich dafür verantwortlich, dass die Zahlen bei Depressionen und Burn-outs steigen. Damit macht man es sich ein bisschen zu einfach. Ich selbst habe in einem unserer Hotels erlebt, dass – nachdem wir die Rahmenbedingungen vollständig auf die von den Mitarbeitern formulierten Anforderungen angepasst haben – die Unzufriedenheit sogar noch größer wurde. Je mehr wir uns für die Zufriedenheit der Mitarbeiter einsetzten, desto unzufriedener wurden sie. Positiv an dieser Erfahrung war, dass wir etwas verstanden hatten: Die Zufriedenheit von Mitarbeitern kann kein Führungsziel sein. Es geht nicht um zufriedene Mitarbeiter, sondern um starke, selbstbewusste, begeisterte und auch resiliente Mitarbeiter. Unternehmer oder Führungskräfte, die sich selbst vor den Karren der Zufriedenheit ihrer Mitarbeiter spannen, werden immer wieder enttäuscht. Das verhält sich so wie beim berühmten Kampf gegen die Windmühlen. Sie können Verantwortung für ihr eigenes, bestenfalls mitmenschliches Verhalten übernehmen, für die Gestaltung der zur Arbeit passenden Rahmenbedingungen und größtenteils auch für die Entwicklung einer vertrauensvollen Atmosphäre. Nicht aber für die Zufriedenheit ihrer Mitarbeiter. Was wir erkannt haben, ist, dass das eine oder andere Verhalten von Führungskräften wohl negative Emotionen triggern kann, dass die Quellen für diese Gefühle aber letztlich viel tiefer liegen. Doch jeder kann über den Weg der Selbstführung sich dieses Gifts in sich bewusst werden und lernen, einen guten Umgang damit zu finden. Bei uns im Unternehmen haben wir deshalb eine Infrastruktur und Angebote geschaffen, uns selbst ein bisschen besser kennenzulernen und damit den Quellen unserer Unzufriedenheit, aber noch viel mehr unserer Zufriedenheit auf den Grund zu gehen.

Wer damit beginnt, sich selbst zu führen, wer sich auf den Weg macht, zu erfahren, wer er wirklich ist, wer sich seiner Denk-, Verhaltens- und Gefühlsmuster ständig bewusster wird, dem wird es mit jedem Schritt leichter fallen, aus dem beruflichen Hamsterrad herauszutreten und zu einem Fels in der Brandung zu werden. Und wenn ich dafür eintrete, dass ich mich als Führungskraft dafür einsetze, dass möglichst viele Menschen sich ihres Selbst bewusst werden, so ist das nicht ganz uneigennützig. Der Nutzen besteht nämlich darin, dass es sich mit Menschen, die sich ihres Selbst bewusster sind, nicht nur viel angenehmer zusammenleben und arbeiten, sondern auch die in Zukunft auf uns wartenden Herausforderungen meistern lässt.

Neue Arbeit

Stell dir vor, du gehst zur Arbeit und wirst gesund// In dem Film *Die stille Revolution* formuliert Frithjof Bergmann, Philosoph und Begründer der New-Work-Bewegung, folgende Anforderungen an die Zukunft der Arbeitswelt: »So wie wir die Welt sehen, braucht die Welt eine Vielzahl von Zentren neuer Arbeit! In denen Menschen den Willen und auch die Ausbildung haben, um andere dabei zu unterstützen, eine Antwort auf folgende Frage zu finden: Was ist das, was ich auf dieser Erde wirklich, wirklich will. Wirklich, wirklich wollen hieße etwas ganz anderes als die Jobarbeit. Das genaue Gegenteil von Jobarbeit. Nicht Arbeit, die wir als milde Krankheit erleben, und ich würde sagen, fast jede Jobarbeit ist wie eine milde Krankheit. Nicht Krebs, sondern so etwas wie eine Erkältung, von der man sagt, von Mittwoch bis Freitag halte ich das schon aus. Und das ist ja auch das, was man über die Arbeit sagt, von Mittwoch bis Freitag halte ich das schon irgendwie bis zum Ruhestand aus … Die Zukunft der Gesellschaft wird eine sein, in der alles alles stärkt! Vom Kindergarten an. Stärkt Menschen! Das ist das, was wir brauchen!«

Mit Blick auf die Intention des am 23. Mai 2021 verstorbenen Philosophen geht es bei New Work um wesentlich mehr als das, was viele Führungskräfte, Berater und Personalentwickler in die Bewegung hineininterpretiert haben, etwa Scrum, Agility, flexible Arbeitszeiten, transparente Gehälter oder eine Vier-Tage-Woche. Bergmann verstand Führung und Arbeit als etwas, was mir dabei helfen soll, herauszufinden, was ich im Leben wirklich will. Eine Methode wie Scrum (engl. für »Gedränge«), die für Projektmanagement steht, hat nichts mit New Work im ursprünglichen Sinn zu tun, solange sie dafür genutzt wird, um die Produktentwicklungen effizienter zu gestalten. Das Gleiche gilt für Agility. Wird agiles Arbeiten nur dazu verwendet, Umsetzungsprojekte durch kürzere Entwicklungsprozesse kostengünstiger zu gestalten, haben die Auftraggeber ihre Berater, Coaches und Trainer einzig vor den Karren der Gewinnmaximierung, Transformationsbeschleunigung oder Marktbehauptung gespannt. All das ist okay, aber es hat dann nicht mehr viel mit den Beweggründen des New-Work-Gründers zu tun. Denn wenn hinter flexiblen Arbeitszeiten, einer Vier-Tage-Woche oder der Zurverfügungstellung von firmeneigenen Workation-Angeboten, bei denen ortsunabhängig gearbeitet werden kann, das Motiv steht, Mitarbeiter zufriedener zu machen und sie an das Unternehmen zu binden, so hat das genauso wenig mit dem ursprünglichen Geist von New Work zu tun und fällt wohl eher in die Kategorie: »Glückliche Kühe geben mehr Milch!«

New Work beschreibt Arbeit als Mittel zum Zweck dafür, Selbsterkenntnis zu erlangen. Doch die von vielen Beratern als New Work verkauften Methoden und Instrumente erfüllen maximal den Anspruch eines zeitgemäßen Managements, nicht aber den an die Stärkung des Menschen an sich, so wie Bergmann es vertrat. Denn wenn es darum geht, herauszufinden, was ich wirklich will, führt kein Weg an der Selbsterkenntnis vorbei. Und erst die Erkenntnis darüber, wer ich bin und was zu meinem Leben passt, kann tatsächlich zu größerer Zufriedenheit und Produktivität führen. Alles andere kratzt nur an der Oberfläche. Tiefergehender und nachhaltiger wird es, wenn wir die Zeit unserer Arbeit auch als Möglichkeit verstehen, herauszubekommen, wer wir sind, was wir können und was wir tatsächlich wollen.

Berufung ist das, was mir meine innere Stimme zuruft//
Aristoteles meinte: »Wo sich deine Talente mit den Bedürfnissen der Welt kreuzen, dort liegt deine Berufung.« In die-

sem Sinn hat Berufung nichts Elitäres, sondern etwas, das auf jeden Menschen zutrifft. Und wenn ich auf den nunmehr seit über zwölf Jahren andauernden Upstalsboom-Weg schaue, beschreibt dieser den vom Beruf zur Berufung. Das ist das, worum es bei uns im Unternehmen seit 2011 geht. Berufung oder das Gefühl, sich zu etwas berufen zu fühlen, ist jedoch nichts, was ich mir als Antwort im Kopf zurechtlegen kann, sondern es entsteht aus einer Erfahrung heraus, die ich mache, indem ich etwas tue und ausprobiere. Und irgendwann macht es klick – und es entsteht ein Gefühl, das nur entstehen kann, wenn sich Kopf, Herz und Bauch im Einklang befinden und über das ich dann denke: Wow, das fühlt sich gerade an wie die Antwort auf eine Frage, die ich mir ein Leben lang gestellt habe. In diesem Moment bin ich im Flow, beschrieben wurde dies von dem ungarischen Psychologen Mihály Csíkszentmihályi. Das Flow-Erleben schenkt mir Energie, anstatt dass es mich Energie kostet.

(Sinn-)Erfahrungsort Unternehmen// Was uns vor der »milden Krankheit«, wie Frithjof Bergmann es nannte, bewahrt, ist das Bewusstsein, dass Arbeit nicht nur dazu dient, Geld zu verdienen (das wäre für ihn die Jobarbeit), sondern auch dazu, uns selbst kennenzulernen und das, was uns wichtig ist, zu verwirklichen. Gerade bei Mitarbeitern jüngerer Generationen erlebe ich, dass sie nicht mehr bereit sind, den Großteil ihres Lebens darauf zu verwenden, Geld zu verdienen. Ihnen kommt es darauf an, etwas Sinnvolles zu tun. Nicht Geldeinheiten, sondern Einheiten sinnvoller Arbeit sind die Währung, in der viele jüngere Menschen rechnen. Und wenn ein Unternehmen ihnen nichts Sinnvolles anzubieten hat, versuchen sie die Voraussetzungen dafür zu schaffen, dass das, was sie wirklich wollen, in ihrer Freizeit möglich wird. Und so wunderte es mich überhaupt nicht, als mich vor drei Jahren im Rahmen einer meiner Klosterkurse ein Unternehmer voller Verzweiflung ansprach: »Bodo, was mach ich denn bloß, wenn ich Mitarbeiter nicht mehr mit Geld dazu motivieren kann, in mein Unternehmen zu kommen und zu bleiben und ein paar Überstunden zu übernehmen. Die Aufträge müssen doch abgearbeitet werden. Und ich wäre bereit, diesen Menschen viel Geld zu zahlen.«

»Gerd«, erwiderte ich, »ein guter Freund und Gleichgesinnter, Oliver Haas, sagte mir einmal: ›Über 150 Jahre lang dachten wir, wir können Menschen kaufen, damit sie das machen, was wir wollen. Aber die Zeiten sind vorbei.‹ Und das bringt es auf den Punkt. Denn die jüngeren Generationen, aber nicht nur die jüngeren, haben im Vergleich zu ihren Eltern völlig andere Voraussetzungen, mit denen sie ins Leben starten. Wenn die Großeltern und Eltern vielleicht darauf angewiesen waren, Geld zu verdienen, um zu überleben oder sich ein Leben aufzubauen, ist bei den jüngeren Generationen tendenziell etwas mehr Geld vorhanden. Ihnen ist die Freizeit wichtiger, und die Arbeit dient vielleicht nur noch als Mittel zum Zweck, um in der Freizeit das tun zu können, was für sie Bedeutung hat. Sie wollen nicht mehr vierzig Stunden arbeiten, zweiunddreißig Stunden tun es auch. Oder vielleicht nur zwanzig Stunden? Sie lassen sich immer weniger mit Geld ködern. Sie haben geerbt. Ein Haus oder eine Wohnung. Und das wird in Zukunft tendenziell häufiger vorkommen. Das betrifft aber nicht nur die ganz junge Generation. Ich erlebe verstärkt Menschen in meinem Alter, die für ein paar Euro mehr nicht ›ihr Leben‹ opfern wollen.«

In einer unserer internen Schulungen fragte mich ein Teilnehmer, ob es denn nicht der totale Luxus sei, dass wir uns hier mit dem Sinn des Lebens beschäftigen. Ich antwortete: »Das ist eine Sichtweise. Eine andere Sichtweise könnte sein: Gerade weil wir den Luxus haben, müssen wir uns mit dem Sinn (unseres Lebens) beschäftigen.«

Wenn ich an meine Aufenthalte in Ruanda zurückdenke, wo wir vom Unternehmen aus viele Projekte gestartet haben, kann ich mich nicht daran erinnern, dass sich auch nur einer der Einheimischen auf eine Art und Weise mit dem Sinn seines Lebens beschäftigt hat, wie wir es hier tun. Was ich dort erlebt habe, war, dass der Sinn des Lebens im Leben an sich besteht. Dass der Sinn der Menschen dort darin existiert, trotz der zum Teil sehr widrigen Umstände gut durch den Tag zu kommen. Doch sobald der Sinn unseres Lebens nicht mehr in dem gesehen wird, unsere Grundbedürfnisse decken zu müssen, brauchen wir etwas Neues, anderes, vielleicht Größeres, wofür es sich einzusetzen lohnt. Und das betrifft in unserer westlichen Welt nicht nur vermehrt Mittvierziger, die sich ihren Lebensunterhalt weitestgehend verdient oder etwas geerbt haben, nicht nur diejenigen, die im Rahmen ihrer Midlife-Crisis alles noch einmal infrage stellen, sondern auch die jungen Leute. Und das ist eine Tendenz, die wir schon seit Jahren verstärkt wahrnehmen: Dass immer mehr Menschen weniger in Geldeinheiten und mehr in Einheiten sinnvoller Arbeit denken.

Was für uns vor zehn Jahren zwar nicht absehbar war, uns aber im Nachhinein doch geholfen hat, war, dass wir mit der Entscheidung, das Unternehmen als Mittel zum Zweck dafür zu nutzen, Menschen zu stärken, auch damit begonnen haben, eine unternehmenseigene Infrastruktur aufzubauen, die den Mitarbeitern das bietet, wonach sich heute viele sehnen. Sie haben nicht nur die Möglichkeit, sich mit dem Sinn ihres Lebens zu befassen, sondern ebenso mit dem, was sie für sich Sinnvolles entdeckt haben, um es bei uns im Unternehmen dann tatsächlich zu verwirklichen.

Und so haben wir im Spannungsfeld von Spiritualität und Wissenschaft Angebote geschaffen, die Menschen dabei unterstützen, ihre Persönlichkeit weiterzuentwickeln. Vom Upstalsboom Curriculum über »Tour-des-Lebens«-Projekte (auf den Kilimandscharo, nach Ruanda oder Spitzbergen), Klosterseminare, Corporate Happiness bis hin zu Coaching-Ausbildungen, Systemaufstellungen, der Logotherapie nach Viktor Frankl oder dem Präventorium, dem unternehmenseigenen Gesundheitssystem, finden unsere Mitarbeiter ein dichtes Angebot, um sich besser kennenzulernen und die wirklich wichtigen Fragen des Lebens für sich gut beantworten zu können. Und das kostenlos und in einer Qualität, dass diese über Jahre geschaffenen Möglichkeiten einer fundierten Persönlichkeitsentwicklung offenbar als eine sinnvolle Alternative oder Ergänzung zum Euro-Verdienst angesehen werden.

So erleben wir zum Beispiel Geschichten wie die von einem Bankdirektor, der aus seinem originären Job ausgeschieden ist und bei uns als Page begonnen hat. Oder eine selbstständige Physiotherapeutin, die ihren Einstieg bei uns als Zimmermädchen gefunden hat. In manchen Hotels haben wir Quereinsteigerquoten von über 50 Prozent. Überwiegend sind das Menschen, die zugunsten von Leistungen, die sie sonst nicht bekommen würden oder aber teuer bezahlen müssten, auf ein Teil ihres bisherigen Einkommens verzichten. »Endlich wieder mit Freude zur Arbeit kommen und zusätzlich noch die Möglichkeit der persönlichen Weiterentwicklung haben, das ist großartig« – Sätze wie diese höre ich oft.

Mit Fort- und Weiterbildung Geld verdienen// So mancher wird sich sicherlich fragen, wie viel es denn kostet, eine derart menschenorientierte Infrastruktur aufzubauen. Mittlerweile müssen wir dafür nichts mehr ausgeben, wir verdienen damit sogar Geld. Sie hat sich nicht nur zu einem Profitcenter ausgebaut, sondern die Upstalsboom Wegbegleiter haben sich, unter der Führung von Mirco Hitzigrath, als erfolgreiches Start-up zu einem »rising star« innerhalb unserer

Unternehmensgemeinschaft entwickelt. Denn die von uns geschaffene Infrastruktur zur Stärkung von Menschen hat sich nicht nur intern, sondern bei Kunden und Partnern herumgesprochen, letztlich vielen, die sich ernsthaft mit der menschlichen und kulturellen Entwicklung in Unternehmen befassen wollen. Und das werden täglich mehr. So werden seit vielen Jahren 50 Prozent der von uns ursprünglich einzig intern angebotenen Kursplätze auch für Externe, sogenannte Upstalsboomer auf Zeit, angeboten. Aber nicht nur das. Wir laden diese Upstalsboomer auf Zeit auch zu uns ein. Das nennt sich dann Kultur-Sightseeing oder einfach Sabbatical.

Ein Grund, weshalb wir uns nach außen hin geöffnet haben, war, dass unsere Fluktuation für die erforderlichen Innovationen schlicht und ergreifend zu niedrig war und ist. Die durchschnittliche Zugehörigkeit eines Upstalsboomers ist in etwa sechs- bis siebenmal höher als sonst in der Hotelbranche üblich. Und das ist mit Blick auf Innovationen natürlich ungünstig. Also haben wir uns dafür entschieden, Innovation über die Beteiligung von Externen an Schulungen oder Einladungen zum Kultur-Sightseeing zu generieren. Dadurch gewinnen wir nicht nur wertvolle Impulse für unsere Weiterentwicklung, viel interessanter ist, dass unsere Mitarbeiter in den Schulungen und im Rahmen der Besuche von Externen eine unglaubliche Wertschätzung und Anerkennung erfahren. Und das allein durch die Tatsache, dass die Besucher sich für das interessieren, was die Upstalsboomer geschaffen haben.

So saß ein Sechzehnjähriger, einer unserer ganz jungen Auszubildenden, neben einer Pressesprecherin der Deutschen Bahn in unserer Upstalsboom-Kulturwerkstatt. Nachdem beide den Tag gemeinsam mit noch knapp zwanzig anderen Vertretern verbracht haben, wandte sich die Pressesprecherin an Alexander, unseren Auszubildenden: »Weißt du, Alex, auf der einen Seite durfte ich durch euch Upstalsboomer und ganz besonders durch Menschen wie dich und die anderen Mitarbeiter hier erfahren, dass all das, was ihr so auf die Beine gestellt habt, tatsächlich in der Praxis umsetzbar ist. Keine Theorie, kein Konzept, sondern Realität. Wenn ich mir dann aber die Komplexität anschaue, frage ich mich mit Blick auf mein Unternehmen, wie ich das alles umsetzen kann.«

Alexander schaute sie mit seiner großen Gelassenheit an und sagte: »Weißt du, das ist so einfach, dass es für manche schon wieder zu schwer wird, das umzusetzen. Wir können uns ständig ganz viele Gedanken darüber machen, wie es gehen oder was nicht gehen könnte. Es gibt Dinge, die können wir nicht im Kopf beantworten, sondern nur, indem wir etwas tun. Das Beste ist einfach anzufangen!«

Praxis statt Theorie, ausprobieren statt verstehen, können statt kennen// Und damit hatte es Alexander auf den Punkt gebracht. Die von uns in unseren »Werkstätten« oder Büchern beschriebenen Impulse, Bilder, persönlichen Erfahrungen und Gedanken können einer Suche nach einer zeitgemäßen Führung nur eine Richtung geben. Doch die persönlichen Erfahrungen ersetzen sie nicht. Denn wie das Führen, das (Sich-)Führen-Lassen und Sich-selbst-führen-Können gelingt, erfahre ich nicht, indem ich darüber nachdenke, durch das Lesen eines Buchs oder das Besuchen eines Seminars oder Vortrags. Denn wie Führung gelingt, erfahre ich nur, indem ich tatsächlich führe, mich selbst und andere, oder die Bereitschaft entwickle, mich führen zu lassen, mich auf Führung einzulassen.

Mit der Theorie ist es in etwa so, als würde ich einem Menschen, der noch nie einen Apfel gegessen hat, zu beschreiben versuchen, wie ein Apfel schmeckt. Ich könnte mich dafür so richtig ins Zeug legen, könnte Form, Farbe und Geschmack des Apfels mit allen Mitteln der sprachlichen Kunst ausführen. Mich bemühen, ihm den Mund wässrig zu machen. Aber letztlich reicht das nicht aus, um zu erfahren, wie ein Apfel tatsächlich schmeckt. Und abgesehen davon wird jemand das, was er über den Apfel gehört oder gelesen hat, auch schnell wieder vergessen. Wie ein Apfel wirklich schmeckt, das wird er erst in dem Moment erleben, in dem er in diese Frucht hineinbeißt. Und in dem Moment, in dem die Schale des Apfels gespürt und geschmeckt wird, der Saft auf den Lippen und im Mund, verlieren die von mir gewählten Formulierungen an Bedeutung. Und noch etwas ganz Wunderbares geschieht: Ich werde mich an den Geschmack des Apfels ein Leben lang erinnern. Und so möchte ich dich ermutigen, neue Führung einfach auszuprobieren, ins Handeln zu kommen und in deinen Alltag zu integrieren. Denn Führung ist nicht dazu da, um sie zu verstehen, sie ist dazu da, sie zu leben.

Wenn ich zum Beginn eines Vortrags mit Formulierungen wie: »In jenem Land gab es eine Studie, die …«, »Wissenschaftler haben herausgefunden, dass …« oder »Der Unternehmer Max Mustermann hat auf beeindruckende Weise gezeigt, dass …« konfrontiert werde, also immer dann, wenn die Vortragenden nicht über ihre persönlichen Erfahrungen, sondern über die Erkenntnisse, Erfolge oder Errungenschaften anderer zu reden beginnen, werde ich in den darauffolgenden Minuten oder Stunden eher informiert als inspiriert. Doch eine Information dient mehr der Erweiterung meines Wissens als dazu, mich in Bewegung zu setzen. Wir wissen ohnehin zu viel und tun im Verhältnis zu dem vielen Wissen zu wenig.

Viele dieser Vortragenden haben mir in den letzten Jahren bewusst gemacht, dass die spirituelle Kraft oder Inspiration oft dann verloren geht, wenn Menschen verstärkt über irgendwelche Theorien sprechen als über das, was sie selbst erlebt oder erfahren haben. Spannender und beflügelnder wäre es, wenn Menschen in höherem Maße etwas aus ihrem

Leben berichten würden, etwas, was sie selbst erfahren oder durchlebt haben und mit dem sie tatsächlich in Berührung gekommen sind. Denn wenn ich einen anderen in Bewegung bringen will, muss ich ihn berühren. Und berühren kann ich nur dann, wenn ich selbst berührt worden bin, wenn ich etwas nicht nur verstanden, sondern es auch wirklich begriffen habe. Es selbst in die Hand genommen habe.

In einer anderen Situation entschied sich die Führungskraft einer großen Bank dafür, bei uns im Unternehmen ein Sabbatical zu machen. Nachdem die Managerin bei uns angefragt hatte, überließen wir ihr die Wahl, in welches Hotel und in welche Abteilung sie für zwei Monate gehen wolle. Sie entschied sich für unser Hotel auf Usedom, um dort die Arbeit in der Küche und beim Housekeeping kennenzulernen. Als die Mitarbeiter des Hotels von dem »hohen Besuch« erfuhren, waren sie zunächst sehr aufgeregt: »Was können wir einer Bankerin aus dem Topmanagement in Frankfurt beibringen? Die kann mir doch eher erzählen, wie das Leben funktioniert. Ich bin nur ein Zimmermädchen!«

Und dann war die Bankmitarbeiterin für zwei Monate im Hotel und Teil unserer Teams. Anschließend meinte sie über diese Zeit, sie hätte nicht nur ihre persönliche Einstellung verändert, sondern auch die zu ihrer beruflichen Laufbahn, allein durch die Begegnungen mit den Zimmermädchen und Köchen. Mehr Wertschätzung kann ein Team nicht erfahren, zu wissen, dass sie nicht nur entscheidend auf die Entwicklung eines Menschen eingewirkt haben, sondern auch auf die einer ganzen Bank.

Der Hauptgrund, weshalb Menschen zu uns ins Unternehmen kommen, ist also nicht unbedingt nur ihre finanzielle Situation, sondern die Möglichkeit, sich als Mensch psychisch, physisch und sozial weiterzuentwickeln. Und weil sie durch unsere Leistungen, durch unsere Infrastruktur und Begegnungen mit Menschen wachsen können.

New Work Inflation

New Work, nur so gut wie unbequem// Die Herausforderung ist, dass das menschliche Wachsen, dieser Weg zur Selbsterkenntnis, durchaus Wachstumsschmerzen mit sich bringt, also eher unbequem daherkommt. Doch wenn es mir als Mitarbeiter gelingt, die Widrigkeiten in einem Unternehmen als Möglichkeit zu erkennen und zu nutzen, mich als Mensch zu entwickeln, kann ich mich trotz dieser dafür entscheiden, in dem Unternehmen zu bleiben. Denn auch das ist klar, in keinem Unternehmen auf der Welt werden wir ein Paradies ohne jegliche Schwierigkeiten finden. Die Frage ist nur, wie groß und wie stark die jeweiligen Unannehmlichkeiten sind. Und: Sind sie so groß, dass sie mich überfordern? Drohe ich an ihnen zu zerbrechen oder haben sie ein Maß, sodass ich mich dennoch als Mensch entwickeln kann, sie mich dabei vielleicht sogar unterstützen?

Wenn jedoch für mich die Bequemlichkeit im Vordergrund steht, werde ich in keinem Unternehmen Freu(n)de bei der Arbeit finden. In einem solchen Fall werde ich immer unzufrieden sein, und die Unzufriedenheit wächst proportional mit dem Verlangen nach Bequemlichkeit.

Wird New Work mit Arbeitsbedingungen verknüpft, die mir »das Leben« einfach oder bequem machen, die mich weder geistig noch körperlich herausfordern, taugen sie nicht viel, um herauszufinden, wer ich wirklich bin und was ich wirklich will. Denn: Geistige und körperliche Vitalität ist ein wichtiger Pflasterstein auf dem Weg zu einem guten Lebensgefühl. Aber sie ist die Folge von Bewegung und nicht von Sesshaftigkeit oder Bequemlichkeit.

Wer Zufriedenheit nicht auf dem Fundament einer persönlichen, geistigen und körperlichen Entwicklung oder dem der Selbsterkenntnis errichtet, sondern auf einfachen oder bequemen Arbeitsbedingungen, wird einer Welt, die immer unsicherer, brüchiger, schneller oder komplexer wird, nicht mehr viel entgegenzusetzen haben. Das Verlangen nach Bequemlichkeit wird uns da nur in die Irre und zu Enttäuschungen führen. Manchmal habe ich das Gefühl, dass New Work wie ein als Allheilmittel angepriesenes »Medikament« vermarktet wird. Doch was daraus entsteht, ist ein Effekt, der den leeren Versprechungen einer Fernsehwerbung eher gerecht wird, als dass tatsächlich etwas Sinnvolles passiert. Denn auch sie hat ja zum Ziel, die Nachfrage der durch sie beworbenen Produkte zu erhöhen, indem sie dem Konsumenten häufig auf Grundlage eines völlig überzogenen Idealbilds das Gefühl vermittelt, noch etwas kaufen zu müssen.

Und so verhält es sich auch immer wieder bei New Work. »Du musst nur ein bisschen New Work einführen, ein bisschen agiler arbeiten lassen, die Arbeitszeiten noch ein bisschen flexibler gestalten oder die Vier-Tage-Woche einführen – und dann wird alles gut. New Work macht das schon. Und dann wundern sich die Auftraggeber oder Führungskräfte, dass das auf Dauer irgendwie doch nicht so funktioniert, wie sie sich das gedacht haben. Und genau dort sehe ich auch ein Risiko bei dem sich auf eine einfache, bequeme oder effiziente Arbeit fokussierenden New Work, dass hier ein völlig überzogenes Idealbild von Arbeit geschaffen wird, das zwar der Entwicklung einer ansprechenden Arbeitgebermarke dient, aber den Menschen im Unternehmen nicht weiterhilft. Und das fühlt sich dann ein bisschen so an wie nach dem Reinfall auf die Werbung, der wieder in einer Enttäuschung geendet hat. Häufig habe ich das bei Bewerbern für unser Unternehmen erlebt. Da kommen Menschen mit dem New-Work-Bequemlichkeitsverständnis und in der Hoffnung zu uns, dass wir ihrem Glück dienen können. In dem Glauben, dass es bei uns nur harmonisch, friedvoll, einfach und bequem zugeht. Und wenn sie dann in unsere Unternehmenswelt und Kultur eintauchen, merken sie plötzlich, dass bei uns sehr hart gearbeitet wird – und das nicht nur an sich selbst.

Wir dürfen uns nichts vormachen: Arbeit erfordert auch Anspannung, Anstrengung und vielleicht sogar die Bereitschaft, sich verletzen zu lassen. Ein Profifußballer ist sich vor dem Spiel darüber bewusst, dass er sich bei seinem Einsatz für die Mannschaft vielleicht sogar verletzen wird. Für Jäger, die in früheren Zeiten loszogen, um ihre Familien und sich mit Nahrung zu versorgen, war es häufig auch sehr gefährlich. Doch im Bewusstsein, worum es geht, waren sie dazu bereit, sich anzustrengen und sich verletzen zu lassen.

Wichtig ist nur, der Anspannung und Anstrengung etwas Ausgleichendes entgegenzusetzen. Pause, Ruhe und Erholung. Zeit, die ich nicht nur brauche, um mich zu entspannen oder meine »Wunden« zu lecken, sondern ebenso dafür nutze, um auf das Geschaffene, Gelernte oder Erfahrene zurückzublicken. Die benediktinischen Mönche beschreiben dieses Wechselspiel von Anspannung und Ruhe mit den Worten »Ora et labora«. Es ist das Intervall, das uns als Mensch körperlich, geistig und seelisch wachsen und gedeihen lässt, uns fit werden lässt für das, was in Zukunft auf uns zukommt.

Wenn es darum geht, unsere gemachten Erfahrungen und die daraus entstandenen Gedanken, Fragen und Impulse in die Praxis umzusetzen, werden wir mit einer Herausforderung konfrontiert, die in einem Midrasch, einer religiösen Auslegung von Texten im rabbinischen Judentum, sehr treffend formuliert ist: »Unkraut sprießt und gedeiht; aber wie sehr müssen wir uns plagen, um Weizen zu bekommen.« Das heißt: Wenn wir Arbeit tatsächlich auch als Mittel zum Zweck nutzen, um uns selbst besser kennenzulernen, braucht sie nicht nur Strukturen und Angebote, sondern ebenso eine Führung, die das Ansinnen versteht und selbst will, dass das möglich wird. Menschen, die weder die Ausbildung noch den Willen haben, Menschen zu stärken, haben den Mitarbeitern der Zukunft bald nichts mehr zu bieten. Und die diesen Anforderungen gerecht werdende Ausbildung hat nichts mehr mit der eines Betriebswirts, Ingenieurs oder Ökonomen zu tun. Die Quellen für diese Ausbildung finden sich ganz woanders. Und auch mit Blick auf den Willen oder die Haltung sind die Ansprüche sehr klar formuliert.

Vor ein paar Jahren hatte ich die Aufgabe, einen Direktionsposten neu zu besetzen. Zu diesem Anlass führte ich Gespräche mit drei sehr unterschiedlichen Bewerbern; alle kamen aus unserem Unternehmen.

»Was ist deine Absicht, wieso willst du diese Führungsaufgabe übernehmen?«, fragte ich den ersten Bewerber.

»Bodo, ich wollte immer schon einmal Direktor werden«, antwortete er. »Das ist mein Traum, und ich möchte das Hotel als Bühne nutzen, um ein guter Gastgeber zu sein.«

Der zweite Bewerber argumentierte so: »Meine Absicht besteht darin, die Menschen zu befähigen, damit sie ihre Aufgaben auch wirklich gut machen können. Sie sollen Schulungen bekommen, Erfahrungen machen, ich will sie darin befähigen, die Aufgaben, die ihnen die Arbeit, die Gäste, das Hotel und das Leben stellen, in ihrem Sinne gut lösen zu können.«

Der Dritte antwortete: »Gemeinsam mit dem Team will ich Rahmenbedingungen schaffen, Organisationen entwickeln, die die Menschen dabei unterstützen, das, was sie zu tun haben, auch gut machen zu können.«

Welchen dieser drei Bewerber hättest du gerne als deinen Chef?

Neue Führung

Wer in Zeiten der Unvorhersehbarkeit bestehen möchte, kommt um eine neue Art der Führung nicht herum// Wie bei der neuen Arbeit geht es bei der neuen Führung nicht so sehr um das Gestalten neuer Methoden oder eines attraktiven Arbeitsumfelds, sondern vielmehr darum, Menschen aus der Abhängigkeit heraus in die Eigenverantwortung zu führen. Neue Führung ist also mehr eine Frage der Haltung als die einer Methode. Und mit dieser Erkenntnis bin ich offensichtlich nicht alleine. Ich erinnere mich noch sehr gut daran, als ich mich mit Oliver Haas, dem Begründer von Corporate Happiness, zu diesem Thema in vielen wertvollen Gespräche ausgetauscht hatte und in denen ich wissen wollte, was er unter dem neuen Führen verstand. Immerhin hatte er die gleichnamige Plattform ins Leben gerufen. »Oliver, was zeichnet das neue Führen aus deiner Sicht aus?«, fragte ich ihn in diesem Zusammenhang. »Gibt es einen Unterschied in der Wirksamkeit in den Unternehmen, je nachdem ob man mit Methoden oder an der Haltung arbeitet?«

Seine Antwort: »Meine Erfahrung ist, dass alle, die mit Methoden oder am Verhalten arbeiten, früher oder später wieder zurückfallen in alte Muster. Nur die Arbeit an der inneren Einstellung, der inneren Haltung bewirkt eine anhaltende Veränderung. Denn mit einem unveränderten Mindset ein Verhalten ändern zu wollen, funktioniert nie.«

Trotz unterschiedlicher Herangehensweisen sind wir uns sehr einig: Es geht uns beiden um Haltung vor Taktik. Mit Taktik wird man verlieren. Das neue Führen macht man nicht wegen eines Fachkräftemangels oder schlechter Wirtschaftszahlen. Man macht es, um eine Haltung zu gewinnen.

Aber das neue Führen ist nicht nur keine Methode, sondern auch keine Position. Es ist eine Aufgabe! Sie beschreibt einen kreativen Prozess, vielleicht sogar eine Kunst. Eine geistige Kunst, deren Ausdruck in einer immer größer werdenden Mensch- und Mitmenschlichkeit besteht. Neue Führung bewegt sich im Kontext von Menschen mit Menschen für Menschen.

Neue Führungskräfte sind keine pädagogischen Personen mehr, deren Funktion darin besteht, die Messlatte für die Leistung ihrer Mitarbeiter ständig höher zu hängen. Vielmehr geben sie ihnen Hilfestellungen an die Hand, ermutigen sie, richten sie auf, inspirieren, aber trösten auch, wenn sie hinter ihren eigenen Möglichkeiten und Erwartungen zurückbleiben. Sie sind da, wenn Mitarbeiter zu stürzen drohen.

Die Aufgabe der neuen Führung besteht darin, den Einzelnen im Team und das Team an sich zu stärken. Sie hilft den Menschen dabei, sich ihrer Persönlichkeit bewusst zu werden, um sie dann entsprechend in das Unternehmen, in ein Team, in einen Bereich oder ein Projekt einzubringen. Sie ermutigt Menschen dazu, sich den Herausforderungen zu stellen, anstatt vor ihnen zu flüchten. Sie stärkt Menschen!

Bei der neuen Führung handelt es sich also um eine Autorität, die um das Wohl und Wachstum der ihr anvertrauten Menschen bemüht ist. Und so besteht eine der Aufgaben neuer Führung nicht darin, den Menschen das Leben unnötig schwer zu machen, sondern jedem Einzelnen entsprechend seiner Persönlichkeit die Chance zu geben, erfolgreich sein zu können. Und erfolgreich zu sein bedeutet nicht, so gerade eben mit einer Aufgabe fertig werden zu können, sondern sie so zu lösen und zu Ende zu bringen, wie es den persönlichen Ansprüchen gerecht wird. Denn wenn ich dauerhaft so viel zu tun habe, dass es mir gerade noch so gelingt fertig zu werden, ich aber keine Chance mehr habe, meine Qualifikationen, Erfahrungen, Fähigkeiten und Talente auch so einzusetzen, dass ich nicht nur fertig werde, sondern das, was ich dort mache, auch wirklich gut machen darf, dann werde ich irgendwann aufs Übelste frustriert sein. »Wir dürfen nur so schnell sein oder so viel machen, wie wir auch gut sein können.«

Intuition und Reflexe statt Verstand und Bürokratie// Neue Führung beinhaltet, Fähigkeiten und Gewohnheiten zu entwickeln, die einer Situation, neuen Umständen oder Herausforderungen gerecht werden. Immer weniger Menschen sind noch in der Lage, zwischen Ursache und Wirkung bei den Ereignissen unserer Zeit zu unterscheiden, weshalb sie auf das, was geschieht, allein mit Unverständnis reagieren. Sie verstehen die Welt, in der sie leben, nur noch begrenzt. Sie haben das Gefühl, dass alles um sie herum chaotischer wird. Wie aber führen wir Menschen in einer chaotischen Welt, bei unvorhersehbaren Auswirkungen, die zum Alltag gehören?

Wenn sich die Welt, in der wir jetzt und zukünftig leben werden, durch Unsicherheit, Brüchigkeit, Mehrdeutigkeit, Komplexität, Diversität und Dynamik auszeichnet, besteht eine Aufgabe der neuen Führung darin, die dafür erforderlichen Fähigkeiten, Eigenschaften und Gewohnheiten bei sich und den Geführten zu entwickeln.

Mit der Komplexität sinkt zum Beispiel die Transparenz. Doch Transparenz schafft Sicherheit. Aber was ist zu tun, wenn es keine Transparenz mehr gibt oder der Aufwand zu ihrer Erstellung nicht mehr zu leisten ist? Oder die Methoden dieser Welt nicht mehr ausreichen, um Transparenz zu generieren? Angst braucht Transparenz, Vertrauen jedoch nicht. Vertrauen kommt auch mit dem Ungereimten zurecht. Also besteht eine weitere Aufgabe der neuen Führung darin, Menschen aus der Angst heraus (zurück) ins Vertrauen zu führen. Und der Weg ins Vertrauen führt wieder über die Selbsterkenntnis. Schon die Wüstenväter um 300 n. Chr., die frühchristlichen Eremiten und Mönche, die viele Menschen geistlich begleitet haben, führten diese zu einem bewussteren Umgang mit den eigenen Gedanken und Gefühlen und somit zur Selbsterkenntnis. Und Selbsterkenntnis ist auch die Grundlage für Resilienz. »Wer einmal sich selbst gefunden hat, kann nichts auf dieser Welt mehr verlieren«, so beschrieb es der österreichische Schriftsteller Stefan Zweig. Und von daher passt Frithjof Bergmanns oder auch die Intention vom heiligen Benedikt von Nursia, sich selbst erkennen zu wollen, mehr denn je in unsere Zeit.

In einer mehrdeutigen Welt erfährt etwa die Fähigkeit, sich wieder auf seine Intuition verlassen zu können, immer mehr an Bedeutung. Doch je stärker wir uns von dem entkoppelt haben, wer wir wirklich sind, desto schwieriger finden wir den Zugang zu unserer inneren Stimme. Aber nicht nur das, es fällt uns dann auch schwerer, auf sie zu vertrauen. Wer hat nicht schon sein Bauchgefühl ignoriert, um im Nachhinein zu erleben, dass es besser gewesen wäre, auf die eigene innere Stimme zu hören. Ein Bild, das ich für mich bezüglich der Intuition gefunden habe, ist folgendes: Wer eine Straße überquert und erlebt, wie ein extrem schnelles Auto direkt auf einen zufährt, kann nicht erst darüber nachdenken, was zu tun ist. Der Tod wäre einem sicher. Dieses Nachdenken lässt sich ein Stück weit mit den Entscheidungsprozessen eines klassischen Unternehmens vergleichen und das aus dem Nichts kommende Auto mit der Zeit, in der wir leben. Wenn es uns nicht gelingt, intuitiv zu entscheiden, besteht die Gefahr, dass die Schnelllebigkeit und Dynamik unserer Welt uns überrollen wird. Und was für einen Menschen gilt, gilt auch für das, was wir versuchsweise mit Unternehmensintuition beschreiben könnten.

Bei den Mönchen werden die Bereitschaft und die Fähigkeit, sich auf die innere Stimme einzulassen, auch Gehorsam genannt. Ich traue meiner Intuition. Ich vertraue darauf, das zu tun, was meine innere Stimme mir sagt. (Eine schöne Übung ist eine Meditation mit der Frage an die innere Stimme: «Was willst du mir sagen?« Wenn wir unserer inneren Stimme trauen, werden wir auch auf die Menschen treffen, in deren Begegnungen wir wachsen dürfen.)

Über diesen Sachverhalt hatte ich mich einmal mit Johanna, einer Upstalsboomerin aus dem Team der Geschäftsführung, ausgetauscht. Wieso vertrauen wir so selten auf unsere innere Stimme, auf das, was wir fühlen, aber nicht verstehen? Sind uns unsere Gefühle zu abstrakt? Johanna und ich sind zu der Erkenntnis gekommen, dass es eine wunderbare Übung wäre, sich zunächst nur einen Tag lang auf diese innere Stimme zu verlassen. Wie würde der Tag wohl verlaufen?

Oder: Wie begegne ich der Diversität, der immer größer werdenden Vielfalt? Wie gelingt es mir, eine Einheit in der Vielfalt zu bilden? Die Fähigkeit, sich auf etwas oder jemanden einlassen zu können, ist hierbei viel hilfreicher als der Zwang, sich durchsetzen zu müssen. Dazu bedarf es aber einer Führung, der es gelingt, eine Einheit in der Vielfalt zu entdecken oder zu entwickeln und den schmalen Pfad zwischen Individualität und dem, was alle miteinander verbindet, zu finden. Dabei geht es um die Ganzheitlichkeit und um das Verbinden aller Beteiligten. Ein Miteinander bedeutet in dieser Konsequenz, weniger eigene Gedanken im Kopf zu haben, sondern die Ideen und Wünsche innerhalb des Teams für die Zukunft zu verwirklichen. Und das erfordert ein Zuhören und Offensein für das, was ist. Ein Sich-bewusst-Werden, worauf es in diesem Moment ankommt, um zum Beispiel auch den Übergang zwischen Vergangenheit und Zukunft gut zu vermitteln. Bei einer Vermittlung zwischen Vergangenheit und Zukunft steht keine Betriebsamkeit, kein Involviert-Sein in die Themen und keine Klärung operativer Anliegen im Vordergrund, sondern vielmehr ist hier entscheidend, in einem passenden Maß von Nähe und Distanz heraus auf alles zu schauen, zu erkennen, Impulse zu geben und nachzuhalten. Und das setzt bei den Führenden eine entsprechende

Ausbildung und ein genauso bedingungsloses wie ehrliches Interesse an der Entwicklung von Menschen und Teams voraus. Und mit Blick auf eine sich rasant verändernde (Arbeits-)Welt gilt es, eine ausgewogene Balance zwischen Individualität und Gemeinschaft, Vergangenheit und Zukunft, Tagesgeschäft und kultureller Entwicklung zu finden. Je ausgeglichener Stabilität und Flexibilität miteinander interagieren, desto resilienter ist eine Organisation.

Den neuen Herausforderungen können in einem Unternehmen und seinen Mitarbeitern nicht nur über neue Organisationsstrukturen und Methoden begegnet werden, eigentlich sind diese Möglichkeiten extrem begrenzt. Entscheidender sind daher Flexibilität, Wandlungs- oder Transformationsfähigkeiten, diese Eigenschaften gehören in der Zukunft zu den entscheidenden Ressourcen.

Kompromisslos in der Absicht, bedingungslos im Handeln// In der neuen Führung geht es weder um die Fähigkeit, seine Macht durchsetzen zu können, noch darum, den Widerstand der Menschen mit Gewalt niederzukämpfen. Die neue Führungskraft setzt auf die Kraft der Stille, auf Einsicht, Wachstum sowie auf Eigenschaften wie Demut, Geduld, Gegenwärtigkeit und Gelassenheit. Entscheidend ist, zu verstehen, dass das Leben uns häufig etwas anderes beschert als das, was wir uns wünschen. Was in der Konsequenz bedeutet: Ausschlaggebend ist nicht, die Befähigung zu entwickeln, eigene Pläne umzusetzen, maßgeblich ist stattdessen, zu lernen, mit dem umzugehen, was kommt. Das bedingt aber auch, dass ich die Bilder loslasse, die ich mir vom Leben, vom Unternehmen, von den Menschen oder meiner Führung gemacht habe. Loslassen meint jedoch nicht, dass ich mich nicht mehr dafür einsetze. Es geht schon darum, kompromisslos zu sein und sich für das zu engagieren, was mir als Mensch wichtig ist, was ich mir für die Welt wünsche. Demgegenüber steht aber ein bedingungsloses Handeln. Bedingungslos in dem Sinne, dass ich durch das, was ich tue, nicht erwarte, dass daraus zu einhundert Prozent das entsteht, was ich mir wünsche. Denn dann ist die Wahrscheinlichkeit groß, dass ich enttäuscht werde. Bedingungslos zu handeln bedeutet, dass ich mein eigenes, aber auch das Verhalten anderer Menschen nicht an die Bedingung knüpfe, dass daraus etwas in meinem Sinne entstehen muss.

Ein Beispiel: Wenn ich meine persönliche Entwicklung als Mensch davon abhängig mache, wie mir Kritik entgegengebracht wird, dann ist das Verschwendung. Verschwendung in dem Sinne, dass ich nur aufgrund der Art und Weise, wie mir Kritik entgegengebracht wird, diese nicht nutze. Wenn ich eine Kritik, die auf eine mir unangenehme Art und Weise (etwa Schreien) entgegengebracht wird, nicht würdige (»Wenn du so mit mir redest, erreichen wir gar nichts«), vergebe ich die Chance, mich weiterzuentwickeln. Denn in dem Moment nutze ich die Art und Weise, wie mir etwas entgegengebracht wird, nur als Entschuldigung dafür, es nicht zu überdenken.

Wie reagierst du auf Menschen, die dich triggern? Wie könnte es dir gelingen, auch dich verletzende Verhaltensweisen dafür zu nutzen, dich selbst ein bisschen besser kennenzulernen?

Im Kontext des Geführt-Werdens oder des Sich-führen-Lassens gilt das Gleiche. Über das Verhalten eines Vorgesetzten können wir genauso wenig verfügen wie der Vorgesetzte über die äußeren Umstände. Von daher gilt auch im Kontext des Geführt-Werdens ein Loslassen von den eigenen Idealvorstellungen. Denn wenn ich mein Wohlbefinden von einer idealen Führungskraft abhängig mache, so wie ich es mir vorstelle, habe ich schon verloren.

Darüber hinaus möchte ich die Geführten ermutigen, allem, was sich laut, mächtig und erfolgreich darstellt, mit Vorsicht zu begegnen. Auch können wir uns immer wieder bewusst machen, dass ein Mensch, der erfolgreich erscheint, nicht allein verantwortlich ist für das, was zum Erfolg geführt hat. In der Regel kommt das wenigste von dem, was zum Erfolg geführt hat, von uns. Wir haben keinen Einfluss darauf, in welche Familie wir hineingeboren werden, genauso wenig haben wir Einfluss darauf, welchen Menschen wir in unserem Leben begegnen. Aber beides hat einen großen Einfluss darauf, wie sich unser Lebensweg gestaltet. Mir hilft diese Sichtweise, selbst bei lauten, mächtigen und vermeintlich erfolgreichen Menschen weiterhin das Menschliche in meinem Gegenüber zu betrachten.

Welche Menschen waren daran beteiligt, dass du auf dem Stuhl sitzt, auf dem du nun sitzt?

Es geht also darum, den Menschen möglichst offen und frei von Bewertungen zu begegnen. Und seine Aufgaben entschieden anzupacken (welche es auch immer sind). Darum, jeden Tag in Dankbarkeit abzuschließen und zwar völlig unabhängig davon, was der Tag dir beschert hat. Auch aus dem Unangenehmen ergeben sich Möglichkeiten der Entwicklung.

Wie kann es dir gelingen, auch unfreundlichen Menschen freundlich zu begegnen?

Wirtschaft und Spiritualität

Welches Selbstbild passt zum eigenen Leben?// Wenn eine der Aufgaben neuer Führung darin besteht, sich und andere dabei zu unterstützen, sich selbst ein bisschen besser kennenzulernen, dann werden wir unweigerlich mit etwas in Berührung kommen, was in vielen Unternehmen bisher keine oder nur eine geringe Bedeutung hat: Spiritualität.

Ich erinnere mich noch sehr gut an den Anfang von unserem Upstalsboom-Weg. Ich traf mich mit den Unternehmensbegleitern Friedrich Assländer und Oliver Haas bei Würzburg im Kloster Münsterschwarzach, um die beiden Männer miteinander bekannt zu machen. Friedrich verkörperte den spirituellen Weg, Oliver den wissenschaftlich belegten der positiven Psychologie. Nachdem sie im Gespräch herausgefunden hatten, dass Ziel und Haltung ihrer jeweiligen Wege fast deckungsgleich waren, sich nur die Herangehensweise, Methoden und Begriffe unterschieden, kam ich zu folgender Erkenntnis: Lasst uns den Upstalsboom-Weg nicht als eine Methode begreifen. Er ist vielmehr ein Büfett an Möglichkeiten. Es wird Mitarbeitende geben, die sich eher für die wissenschaftlich belegbaren Wege interessieren, mit Experimenten auf Basis der Hirnforschung und Neurobiologie. Und es wird andere geben, die sich eher für das Kloster und den spirituellen Weg begeistern werden. Keiner davon ist der bessere, keiner der falsche. Wir waren schließlich alle davon überzeugt, dass es eine Sowohl-als-auch-Strategie geben sollte und nicht ein Entweder-oder.

Mir selbst kam es vor, als ob Spiritualität, positive Psychologie, *Die Regel des heiligen Benedikt* und vieles mehr Inseln waren, die scheinbar voneinander getrennt waren. Bei genauerem Hinsehen entdeckt man aber, dass diese Inseln, wenn das Wasser abgelassen ist, eine Einheit bilden. Es war immer mein Bestreben, die Wege zu vereinen und nicht zur Spaltung zu führen.

Und welche Erkenntnis wir für uns noch gewonnen haben, ist, dass Spiritualität nicht unbedingt etwas mit Religion und schon gar nichts mit Kirche zu tun hat. Ich persönlich vertrete sogar die Auffassung, dass zum Beispiel das Christentum in dem Moment einen Großteil seiner Spiritualität verloren hat, nachdem es in der ersten Hälfte des ersten Jahrtausends zur Staatsreligion erhoben wurde. Und das gallische Dorf, das ich für mich ganz persönlich in dieser zur Staatsreligion erhobenen Glaubensrichtung gefunden habe, sind die Mönchsorden, die Klöster, ganz besonders die der Benediktiner. Denn sie vertreten für mich den ganz ursprünglichen Gedanken der Mystik am stärksten und sind sehr weit von der Selbstgefälligkeit einiger Kirchenvertreter entfernt.

Auch Menschen, die ihr Leben nicht religiös interpretieren, können spirituell sein. Man denke nur an einstige religiöse Techniken oder Übungen, die immer mehr Menschen für sich nutzen, um körperlich, geistig oder seelisch fitter werden zu wollen. Die besuchen dann einen Kurs im Yogastudio oder verbringen ein paar Tage, um in einem Schweige-Retreat zu meditieren, damit sie im Anschluss daran wieder besser und achtsamer durch den Tag kommen. Und was für den einen einige Übungen und Techniken sind, sind für mich die alten Schriften. Darunter zähle ich die von den Wüstenvätern, dem heiligen Benedikt oder auch andere heilige Schriften, darunter die Bibel, den Tanach mit der Tora, den Talmud, den Koran oder den fernöstlichen Tao-Te-King von Lao Tse King. Wie am Beispiel der Inseln, die am Grund miteinander verbunden sind, betrachte ich auch die unterschiedlichen Religionen wie Landkarten, die uns auf verschiedenen »Pilger-Wegen« an ein und denselben Ort zurückführen. Und dieser Ort nennt sich: Selbsterkenntnis.

Wo auch immer ich mich im Kontext von Spiritualität bewege, führt sie mich zu den Antworten auf die wichtigen Fragen im Leben. Auf dem spirituellen Weg erfahre ich meine Identität, mache ich mich mit mir selbst vertraut und gewinne Selbstvertrauen. Spiritualität beschreibt die Art und Weise, wie ich das, was mir als Mensch von Bedeutung ist, finde und mit Leben füllen kann. Das, was daraus entsteht, ist Authentizität. Und die sich daraus entwickelnde Glaubwürdigkeit ist nicht nur für neue Führungskräfte, sondern ganz besonders auch für die Unternehmen, in denen diese Führungskräfte arbeiten, sehr relevant. Zumindest dann, wenn sie zukünftig noch über Fachkräfte verfügen wollen.

Die Spiritualität, die Sehnsucht nach dem, wofür es sich lohnt, sich einzusetzen, verleihen der Seele eines Unternehmens im Alltag ihren Ausdruck. Und Glaubwürdigkeit gehört ganz besonders in Zeiten von Populismus und Fake News zu den wesentlichen Bausteinen einer erfolgreichen Unternehmenszukunft.

Wird Spiritualität jedoch nur benutzt, um die Leistungsfähigkeit und damit die Ergebnisse eines Konzerns zu optimieren, verfehlt das ihren Zweck, Fähigkeiten zu entwickeln, um mit der heutigen Dynamik zurechtzukommen. Spiritualität ist dann nur oberflächlich, nicht viel mehr als Kosmetik, um den Arbeitgeber ein bisschen attraktiver erscheinen zu lassen; genauso wie der »New-Work-Bequemlichkeits«- und der »Glückliche-Kühe-geben-mehr-Milch«-Ansatz. Solange der Mensch und mit ihm seine Spiritualität der Wirtschaft dient, ist das etwas völlig anderes, als wenn die Wirtschaft dem Menschen und seiner Spiritualität dient. Letzteres hat zum Ziel, dass die Menschen in Unternehmen in Zeiten der Unvorhersehbarkeit etwas entgegenzusetzen haben: nämlich die Fähigkeit, Lösungen zu finden, oder die Fähigkeit, mit dem zu leben, wofür es gerade keine Lösung gibt. Und das bedeutet wiederum, angesichts von Krisen, Katastrophen oder verletzenden und toxischen Verhaltensweisen Resilienz an den Tag zu legen. Die neue Führung hat also die Aufgabe, Menschen auf ihrem Weg zu begleiten, sich auf das, was um sie herum geschieht, einzulassen, ohne sich davon vereinnahmen zu lassen.

Homegrown ist Ausdruck von Führungsqualität// Manchmal werde ich mit der Frage konfrontiert, wo ich denn eine solche Führungskraft finde, die auch nur ansatzweise diese Anforderungen erfüllt. In der Regel lautet meine Antwort dann: »Gar nicht.« Eine derartige Person finden wir nicht, sondern sie wird gefunden. Und zwar am besten vom Team. Und auch wenn wir in unserer Praxis noch ein Stück weit von diesem Grundsatz entfernt sind, ist es entgegen der üblichen Nachbesetzung von Managern und Fachkräften sinnvoll, Führungskräfte aus den eigenen Reihen zu rekrutieren, bestenfalls sie vom Team wählen zu lassen.

Jeder im Team kann die oben beschriebenen Anforderungen mit den persönlichen Eigenschaften der einzelnen Teammitglieder abgleichen. Dabei spielt das persönliche Empfinden im praktischen Umgang mit demjenigen eine wichtige Rolle. Die Fragen, die jeder für sich klären sollte, lauten:

- Wem traue ich die Führungsaufgabe am ehesten zu?
- Wer ruft das Beste in mir hervor?
- Wer hat schon in der Vergangenheit Initiative gezeigt und sich für die Entwicklung des Teams und den dazugehörigen Menschen eingesetzt?
- Wer hat die Erfahrung und bringt die erforderliche Konsequenz mit, menschliche und kulturelle Entwicklungen erfolgreich voranzubringen?
- Wer schaut nach vorne, anstatt nach hinten?
- Wer ist bereit, sich auch außerhalb seiner Komfortzone zu bewegen?

»Homegrown« bedeutet, dass unsere zukünftigen Führungskräfte bestenfalls Eigengewächse sind. Und zwar deshalb, weil sie den Sinn unseres Unternehmens und den Geist unserer Zusammenarbeit über viele Jahre selbst erfahren haben. Für jemanden, der mit der Art und Weise unseres Führens, Managens und Arbeitens noch keine persönliche Erfahrung gemacht hat, ist es nahezu unmöglich, sich im Sinne unserer Gemeinschaft klug zu verhalten. Es wäre vielleicht ein bisschen so, als würde innerhalb einer Familie der Vater gegen den Stiefvater ausgetauscht werden. Denn der hat von dem, wie es vorher gelaufen ist, auch keine Ahnung. Und die Kinder werden zu einem Stiefvater auch eine andere Verbindung haben als zu ihrem Vater.

Bewusstheit

Ein Maßstab für die Produktivität einer zeitgemäßen Führungskraft ist die Bewusstheit// Produktivität ist ein Begriff, mit dem ich mich vor Kurzem noch einmal auseinandergesetzt habe. Ich hatte ein Interview gelesen, in dem es darum ging, sich selbst weiter zu optimieren, um noch produktiver zu werden. Die Frage, die ich mir stellte, war: Geht es denn überhaupt darum, unsere Produktivität immer weiter zu optimieren? Geht es denn um die Frage, wie es uns gelingt, mit so wenig Aufwand wie möglich immer noch mehr herzustellen? Produzieren wir nicht eigentlich schon genug? Und müssen wir, wenn eine fortschrittliche Technik uns erreicht, diese nutzen, um an anderer Stelle noch produktiver zu werden?

Über diesen Gedanken der zum Teil maßlosen Überproduktion und den damit einhergehenden Bildern von Müllbergen überall auf der Welt kam ich dann zu einem ganz neuen Gedanken von Produktivität. Wie wäre es, wenn der Begriff nicht nur auf das materielle, sondern auch auf das Immaterielle, das Mentale ausgerichtet wird? Was wäre, wenn sich Produktivität auf ein Produkt bezieht, das sich Bewusstheit nennt? Und überhaupt: Was wäre, wenn Unternehmen, ihre Führungskräfte und Mitarbeiter ihre Produktivität nicht allein auf materielle Produkte und Dienstleistungen beschränken, sondern um den des mentalen und psychischen Bereichs erweitern? Im Sinne von: »Ich schaffe Bewusstheit.« Ich fand es äußerst spannend, Produktivität viel weiter zu fassen als bisher.

Ziel der neuen Führung ist es somit auch, die eigene, aber auch die Geistesgegenwärtigkeit innerhalb des Teams zu erhöhen. Je geistesgegenwärtiger Menschen handeln, desto besser kommen sie in schwierigen Situationen zurecht. Geistesgegenwärtiges Handeln steht für ein sinnvolles Handeln. Wer geistesgegenwärtig ist, kann sehr schnell, klar und zielstrebig entscheiden und agieren. Die Ereignisse im Außen geschehen weitestgehend ohne unser Zutun. Es ist so! Ich kann es nicht ändern. Aber wie ich darüber denke und wie lange ich über das Geschehene nachdenke, ist meine Entscheidung. Die Fähigkeit, einen guten Umgang mit meinen Gedanken und Gefühlen zu finden, ist lernbar und wird zunehmend zur Schlüsselkompetenz.

Woran erkenne ich Bewusstheit oder Geistesgegenwärtigkeit? Daran, dass ich aufmerksamer und länger Menschen helfen, mich besser konzentrieren und fokussieren kann, dass ich Dinge um mich herum wahrnehme und erkenne, die ich vorher vielleicht nicht erkannt habe. Und auch daran, dass ich meine eigenen Gedanken, Gefühle und Verhaltensweisen von außen betrachten kann. Ich bin dann dazu in der Lage, mir selbst für das, was ich denke, fühle und tue, ein Feedback zu geben. Und es fällt leichter, zu erspüren, was von dem, was an mich herangetragen wird, an Aufgaben, Projekten oder auch Begegnungen, zu mir passt oder eher nicht. Und das hilft wiederum dabei, gute Entscheidungen zu treffen. Sich auf etwas einzulassen oder sich von etwas abzugrenzen. Es hilft, eine Geschäftigkeit im Alltag zu finden, die in ihrem Maß zu einem passt.

Menschlichkeit als Kompetenz// Vor ein paar Jahren begannen wir anlässlich kleinerer, aber immer wiederkehrender Krisen in manchen Teams damit, uns Gedanken darüber zu machen, welcher Anforderungen, Aufgaben und Eigenschaften es einer dem Menschen und der Gemeinschaft gerecht werdenden Führung bedarf. Die Quellen, aus denen wir für die Entwicklung dieses Aufgaben- und Kompetenzprofils der neuen Führung schöpften, waren sehr vielfältig und befanden sich im Spannungsfeld von Spiritualität und Wissenschaft. Die tiefsten und für uns ertragreichsten Quellen, aus denen wir schöpften, waren aber unsere Selbsterfahrungen, die Schriften der Wüstenväter und -mütter, *Die Regel des heiligen Benedikt* sowie Erkenntnisse aus den Human- und Naturwissenschaften.

Bei den persönlichen Eigenschaften haben wir seitdem Fähig- und Fertigkeiten im Blick, die auf eine humanistische und altruistische Haltung hinweisen. Dazu gehört die Emotionsfähigkeit, die Beziehungsfähigkeit und die Leistungsfähigkeit. Die zukunftsfähige Führungskraft ist initiativ und engagiert, aufmerksam, ermutigend, offen, sprachgewandt, klar, bescheiden, begeisternd, freundlich, respektvoll, konfliktfähig und -bereit, vorausschauend, hinterfragend, einfühlsam, hilfsbereit, mutig, sympathisch, kreativ, maßvoll, besonnen, verantwortungsbewusst, ausgeglichen und humorvoll. Beispielhafte Gewohnheiten (Tätigkeiten), die in Verbindung mit einer wirksamen geistigen Führung stehen, sind: fragen, verstehen, annehmen, bekennen, anerkennen, mäßigen, trösten, helfen, ermutigen, unterstützen, aufbauen, entwickeln, einladen, inspirieren, gestalten, herausfordern und fördern.

Welche dieser Eigenschaften, Fähigkeiten und Gewohnheiten hast du schon an dir entdeckt? Was haben deine Mitmenschen schon durch dich erfahren? Welche deiner Gewohnheiten rufen das Beste in deinen Mitmenschen hervor?

Vorbild sein// »Eine kleine Sünde wird groß, wenn ein großer Mensch sie begeht« – so lautet eine rabbinische Redensart. Da sich die neue Führung im Wesentlichen für das physische, psychische und soziale Wohlbefinden der von ihr geführten Menschen einsetzt, ist es wichtig, dass auch sie versucht in diesen Punkten vorbildlich zu sein. Und das hat etwas mit Askese zu tun. Denn die Askese beschreibt nichts anderes, als aus einer Haltung ein Verhalten und aus einem Verhalten eine Gewohnheit zu entwickeln. Und Gewohnheit bedeutet, etwas so lange zu leben, bis es in uns lebt. Askese hilft uns dabei, uns von alldem zu befreien, was uns innerlich beschwert, verschließt und beherrscht.

Das ist ein bisschen wie mit einem Diamanten im Schlammloch. Denn ein Diamant im Schlammloch bleibt immer noch ein Diamant. Ein Diamant steht für unsere verborgene Vollkommenheit. Wertschätzung bedeutet daher, den Diamanten, diese verborgene Vollkommenheit, den Schatz im Menschen wertzuschätzen. Bei der Wertschätzung ist also weniger das Verhalten oder die Meinung eines Menschen ausschlaggebend, stattdessen – ich sage es mal so – geht es um das Entdecken des göttlichen Kerns. Von daher besteht die höchste Form der Wertschätzung darin, die Menschen dabei zu unterstützen, den Diamanten vom Schlamm zu befreien.

Wie sehr könntest du dich anstrengen, wenn du weißt, dass in diesem oder jenem Schlammloch ein Diamant liegt? Welche Mühen würdest du auf dich nehmen, dieses Loch vom Schlamm zu befreien, um den Diamanten zu entdecken? Und so verhält es sich mit der Askese. Sie soll den Menschen dabei helfen, sich von dem Schlamm des Lebens zu befreien und dem Diamanten, der Seele, wieder zum Strahlen zu verhelfen. Die Suche der Mönche nach Gott beschreibt ihren Versuch, den Diamanten in sich, die göttliche Vollkommenheit im Menschen zu finden. Als Schlamm und Dreck werden die Herzlosigkeit, der Egoismus, die Unachtsamkeit und die Faulheit beschrieben. Denn Unachtsamkeit und Wertschätzung schließen sich zum Beispiel aus. Ich kann nur wertschätzen, was ich auch beachte.

In der *Regel des heiligen Benedikt* heißt es dazu: »Er mache alles Gute und Heilige mehr durch sein Leben als durch sein Reden sichtbar.« Der elsässische Arzt und Theologe Albert Schweitzer formulierte es so: »Das gute Beispiel ist nicht eine Möglichkeit, andere Menschen zu beeinflussen, es ist die einzige.« Das setzt eine im oben beschriebenen Sinne gesunde

Lebensführung voraus, die nicht durch die die Gesundheit des Körpers, Geistes und der Seele schädigenden Gewohnheiten geprägt ist.

Was können deine Mitmenschen von dir lernen, wenn sie dich beobachten?

Anfänger sein, Anfänger bleiben// Mir ist bewusst, dass die Eigenschaften, Fähigkeiten und Gewohnheiten, die ich hier aufgeführt habe, in Gänze unerreichbar sind, dass kein Mensch zeit seines Lebens den vollendeten Anspruch an die Führung von Menschen und Gemeinschaft ganz erfüllen kann. Und das muss er auch nicht. Denn bei einer zukunftsfähigen Führung dreht es sich nicht darum, etwas zu erreichen, es handelt sich bei ihr um Entwicklung. Kurz: Die Entwicklung als Führungskraft ist nie abgeschlossen. Als Führungskraft kommen wir nie an. Im Gegenteil: Die neue Führung bedarf der Bereitschaft, jeden Tag wieder von Neuem zu beginnen. Daher sollte die Haltung der geistigen Führung darin bestehen, sich permanent weiterentwickeln zu wollen. Es geht also darum, sich diesen Eigenschaften und Gewohnheiten möglichst weit anzunähern.

Die Bereitschaft, sich als Mensch zu entwickeln, ist eine gute Voraussetzung, in der Arbeit Freude zu empfinden// Die eigene Bereitwilligkeit bedingt eine Entscheidung: »Ja, ich will«, im Sinne von: »Heute entscheide ich mich dazu, mein Leben dafür zu nutzen, mich als Mensch zu entwickeln.« Persönliche Entwicklung lässt sich nicht erzwingen. Genauso wartet man vergebens darauf, wenn man annimmt, dass persönliche Entwicklung einfach passiert. Zwar geschieht persönliche Entwicklung tatsächlich, aber solange sie unentdeckt bleibt, ist sie für uns nicht bedeutsam. Werde ich mir meiner persönlichen Entwicklung aber nicht bewusst, wird es schwer für mich, sie in meinen Alltag zu integrieren.

Von daher lautet die Aufforderung an die Führungskraft von morgen: Werde dir deiner Entwicklung bewusst und helfe anderen dabei, sich ihrer Entwicklung bewusst zu werden.

Welche Entwicklung nimmst du an dir selbst wahr im Vergleich zum Jahr davor? Welche Entwicklungen hast du in deinem Umfeld erkannt?

Vom Wissen zur Weisheit// Bei der neuen Führung stehen, um es zusammenzufassen, weniger fachliche und methodische Kompetenzen im Zentrum, jedoch Erfahrung, Bewährung im Leben und Weisheit in der Lehre. Führungskompetenz der Zukunft erlangst du nicht wie einen akademischen Grad. Sie ist das Ergebnis täglicher Entscheidungen und Erfahrungen sowie der Bereitschaft, täglich an sich und seinen Gewohnheiten arbeiten zu wollen. Und das mit enormer Disziplin. Führungskompetenz ist auch nicht etwas, das wir irgendwann erreichen werden, sondern etwas, an das wir uns nur täglich annähern können. Das Fachliche und Methodische kann vom Management übernommen werden. Bei den Benediktinern werden diejenigen zur Führungskraft ausgewählt, denen eine vorbildliche Lebensführung vorauseilt. Nicht die Rangordnung entscheidet, sondern die Bewährung im Leben und die Weisheit in der Lehre. Bei Nachbesetzungen muss ich mir die Frage stellen, ob es um eine schnelle und einfache Lösung gehen soll oder um eine gute, richtige und für das Team passende Lösung. Bei der Nachbesetzung von Führungspositionen dürfen wir uns von dem Gedanken befreien, dass niemand ein Recht auf irgendetwas hat. Es wird in der Zukunft unwichtig werden, ob sich jemand um eine Sache verdient gemacht hat. Stattdessen, ob sich jemand für die Gemeinschaft verdient gezeigt hat. Welche deiner bisherigen Erfahrungen werden auch für deine Mitmenschen von größerer Bedeutung sein? Wo kannst du deine Mitmenschen an eigenen Erfahrungen teilhaben lassen, die sie stärken?

In einer modernen Gemeinschaft werden Führungskräfte zwar das letzte, nicht aber das alleinige Wort haben. Ihre Entscheidungsfähigkeit wird von ihrem Verhalten innerhalb der Gemeinschaft abhängen, von der Fähigkeit, in die Stille zu gehen, und davon, die Werte innerhalb einer Gemeinschaft zu beachten. Wird zum Beispiel persönliche Entwicklung in einer Gemeinschaft sehr geachtet und interessiert sich jemand nicht wirklich dafür, hat es keinen Sinn, diesen Menschen als Führungskraft zu wählen. Eine wichtige Erfahrung, die ich gemacht habe: Menschen, die von sich aus nach Führungspositionen greifen, nutzen sie meist nur als Mittel zum Zweck für ihre persönliche Karriere oder um ein höheres Gehalt zu bekommen. Und Menschen, die ihre Führung nur als Mittel zum Zweck dafür betrachten, Karriere zu machen oder mehr Geld zu verdienen, sind in meinen Augen keine den Anforderungen der Zukunft gerecht werdende Führungskräfte.

Was sind deine wahren Motive, worin liegt deine wirkliche Absicht, Führungskraft zu werden?

TEIL II

Entschlüsse fassen, ins Handeln kommen

Transformationsfähigkeit entwickeln

Ein Wandel braucht die Krise// Anlässlich meiner Entscheidung für einen Paradigmenwechsel im Unternehmen stellte sich die Frage, was diesem Sinneswandel oder dieser apokalyptischen Wende, wie es Viktor Frankl beschrieben hatte, vorausgegangen war. Bei mir waren es eine ganze Anzahl von persönlichen, privaten und beruflichen Krisen. Aber Krisen allein ändern noch lange nichts. So brauchte es für mich diese eine Krise, die das Fass zum Überlaufen brachte, aber auch die Ermutigung meines benediktinischen Mentors Anselm Grün, mich der gefühlten Katastrophe zu stellen, sie zu nutzen und an ihr zu wachsen, anstatt an ihr zu zerbrechen.

Faktisch handelte es sich bei dieser Krise um die Ergebnisse der schon erwähnten Befragung der Mitarbeiter im Jahr 2010, in der mir alle schonungslos ihre Unzufriedenheit offenbarten und mir nicht nur einen toxischen Führungsstil attestierten, sondern auch sonst einiges an den Rahmenbedingungen im Unternehmen auszusetzen hatten. Und bei all den Reklamationen und Beschwerden, die die Mitarbeiter formulierten, war es dann dieser eine Satz, der mein bis dahin aufgeblähtes Ego wie einen Luftballon zerplatzen ließ: »Wir brauchen einen anderen Chef als Bodo Janssen.«

Schon mehrfach habe ich den Umgang mit den Ergebnissen der Mitarbeiterbefragung beschrieben. Doch das, was mich erstaunt, ist, dass ich mit jeder weiteren Reflexion wieder neue Erkenntnisse gewinne. Und so ist mir erst vor einiger Zeit bewusst geworden, worauf es ankommt, wenn Transformationen gelingen sollen: Konkret waren bei uns drei Schritte notwendig, damit aus der Krise überhaupt eine Transformation, ein Wandel in Gang kam. Dabei handelte es sich um das Erkennen, das Anerkennen und das Sich-Bekennen, wobei es bei den ersten beiden Schritten um das Sich-bewusst-Werden und die bedingungslose Würdigung des Bestehenden ging, unabhängig davon, worum es sich bei dem Bestehenden handelte. Bei dem (vorerst) letzten Schritt ging es darum, den unbedingten Willen zur Weiterentwicklung zu entfachen. Der Schlüsselsatz, den ich für mich aus diesen Gedanken formulierte, war der folgende: »Ein kraftvoller Wandel, eine erfolgreiche Transformation verbindet die Würdigung des Bestehenden mit dem unbedingten Willen zur Weiterentwicklung.«

Hinschauen statt weggucken// Doch wie geht das in der Praxis? Das Erkennen der Situation haben mir die Mitarbeiter leicht gemacht. Die in der Befragung formulierten Aussagen waren mehr als deutlich. Nur das Erkennen allein führt jedoch zu nichts. Wir erkennen im Leben eine ganze Menge. Wir wissen auch viel. Aber im Verhältnis zu dem, was wir wissen, tun wir häufig recht wenig. Mit Blick auf das Handeln oder sein Unterlassen wider besseres Wissen habe ich mich manchmal gefragt, ob hier eine Verbindung zum Gewissen besteht. Wenn ich wider besseres Wissen etwas tue oder unterlasse, was nicht in Ordnung ist, habe ich ein schlechtes Gewissen. Denn ich behalte bekannte Verhaltensweisen oder Rahmenbedingungen bei, die anderen oder mir nicht guttun. Ich trinke zu viel Alkohol, esse zu viel und vor allem ungesund, ich bewege mich zu wenig, rauche oder lege ein kränkendes, krankhaftes oder andere krank machendes (Führungs-)Verhalten an den Tag. Und die größte Gefahr, die auf dem Weg zum zweiten Schritt liegt, ist die der Rationalisierung.

Psychologen wie der US-Amerikaner Daniel Kahneman waren ihr in den Siebzigerjahren auf den Grund gegangen, letztlich ging es um unser Denken und Urteilen. Sie beschrieben es als »kognitive Verzerrung« und nannten es Bias (engl. »Vorurteil«), zu der es inzwischen Tausende von Studien gibt. In vielen Experimenten wurde bewiesen, dass unsere Wünsche, Überzeugungen und zugleich viele automatische Muster unser Denken steuern, auch jenseits jeglicher Logik. Es geht also um eine Rationalisierung irrationalen Verhaltens und um eine damit einhergehende Verdrängung, Verleugnung oder Projektion. Um Scheinbegründungen oder Rechtfertigungen eines Verhaltens wider besseres (Ge-)Wissen. Und solange ich versuche, Fehlleistungen, negative Symptome, schlechte Ergebnisse oder krank machendes Verhalten zu rationalisieren, werde ich keinen Weg aus dieser Situation, sondern nur Gründe finden, nichts zu ändern. Und damit ist eine erforderliche Transformation gescheitert, bevor sie überhaupt begonnen hat. Das ist ein bisschen wie bei einem suchtkranken Menschen. Gesteht er sich seine Krankheit nicht ein, wird er keinen Weg aus ihr finden. Es geht mithin um die Bereitschaft, mehr auf sich selbst als auf die anderen zu schauen, mehr auf die eigenen Fehler als auf die der anderen.

Hildegard von Bingen, eine Universalgelehrte des 12. Jahrhunderts, formulierte einmal einen Satz über die Entwicklung des Menschen, der sich auf die Transformation eines Unternehmens übertragen lässt: »Die Kunst der Menschwerdung besteht darin, unsere Wunden in Perlen zu verwandeln.« Dafür muss ich die Wunden, die Verletzungen aber nicht nur erkennen, sondern auch anerkennen. Doch viele von uns (Männer insbesondere) erinnern sich vielleicht noch an eine Aussage, die uns bei jeder sich ergebenden Gelegenheit eingetrichtert wurde: »Ein Indianer kennt keinen Schmerz.« Und wer hat nicht schon mal nach einem schmerzhaften Sturz die Frage, ob alles in Ordnung sei, mit: »Ist nichts passiert« beantwortet, obwohl wir uns ernsthaft verletzt haben? Ich habe so viele Menschen erlebt, die aus Angst davor, Schwäche zu zeigen, nicht nur ihre Gesundheit, sondern auch viele Lebensjahre eingebüßt haben. Diesen Menschen fiel es leichter, ihre Gesundheit aufs Spiel zu setzen, als in irgendeiner

Form einen Fehler einzugestehen. Gleiches gilt auch für unzählige Führungskräfte. Für sie ist es leichter, ein schlechtes Gewissen zu ertragen, als ihren Ruf in der Öffentlichkeit zu belasten. Und solange eine solche Haltung in Führungsetagen und in unseren Teams herrscht, wird uns der zweite Schritt, das Anerkennen, nicht gelingen. Es wird zu keiner sinnvollen Transformation kommen.

Annehmen statt leugnen// Die Voraussetzung für eine Entwicklung ist also die Bereitschaft, das anzunehmen, was ist: Wenn Mitarbeiter sagen, dass mein Führungsverhalten destruktiv und toxisch ist, muss da etwas dran sein. Dieses Annehmen hat etwas mit Demut zu tun. Damit, sich einzugestehen, dass die eigene Sichtweise (»Ich habe es doch nur gut gemeint und immer mein Bestes gegeben«) nichts weiter als eine von vielen ist. Das Einlassen auf das, was ist, hat in meinem Fall im Nachhinein viel mehr bewirkt als der Versuch, die eigenen Sicht- und Denkweisen durchsetzen zu wollen. Denn nur, weil ich etwas so sehe oder anders bewerte, heißt das noch lange nicht, dass es wirklich anders ist.

Eine große Gefahr für eine Transformation sind Führungskräfte und Mitarbeiter, die dazu neigen, sich selbst zum Mittelpunkt und Maßstab ihres Denkens und Handelns zu machen – ich selbst gehörte und gehöre manchmal noch immer dazu. Aber auch wenn ich etwas erkannt und anerkannt habe, bedeutet das nicht, dass tatsächlich etwas daraus entsteht. Dafür braucht es den dritten Schritt. Das Bekenntnis, die Situation für die Entwicklung, die Transformation oder den Wandel wirklich nutzen zu wollen. Das Überwinden von Zweifeln und der Entschluss, ins Handeln zu kommen. »Liebe Mitarbeiter, wir werden eure Offenheit und die Ergebnisse der Mitarbeiterbefragung dafür nutzen, eure Situation, die Rahmenbedingungen und das Miteinander zu verbessern.«

Beim Bekennen ging es bei uns zunächst gar nicht so sehr darum, zu sagen, was wir tun, sondern darum, dass wir etwas tun. »Das sind die Ergebnisse, das ist die Situation, und nun klären wir miteinander, was wir am besten daraus machen.« Während das Anerkennen etwas ist, was ich mit mir persönlich ausmachen kann, geht es beim Sich-Bekennen darum, das, was ich anerkannt habe, in die Öffentlichkeit zu tragen. Eine riesige Herausforderung, zumindest war es das für mich, da ich jemand war, der viel Anerkennung brauchte und Aufmerksamkeit suchte.

Wenn wir den Schritt des Sich-Bekennens gehen, begegnen wir, ob wir wollen oder nicht, unseren Zweifeln und Ängsten. Für mich besagte das damals, den Mitarbeitern die Ergebnisse der Mitarbeiterbefragung unzensiert zu präsentieren, coram publico zu meinem Fehlverhalten zu stehen und es einzuräumen, gemeinsam mit den Mitarbeitern eine Entwicklung zum Besseren hervorzubringen. Meine Ängste und Zweifel bestanden nicht nur darin, schlecht dazustehen, sondern vor allem darin, nicht zu wissen, was auf mich zukommt, was mich erwartet, nachdem ich die »Katze aus dem Sack« gelassen hatte.

Und in diesem Schritt lag, mit Blick durch die wissenschaftliche Brille von Oliver Haas, auch die größte Herausforderung im Laufe des gesamten Transformationsprozesses in unserem Unternehmen. In einem Interview wurde Oliver die Frage gestellt, was er als die anspruchsvollste Leistung von mir betrachten würde. Er antwortete: »Der für die Transformation entscheidende Punkt war, dass sich Bodo Janssen nach den vernichtenden Ergebnissen der Mitarbeiterbefragung nicht narzisstisch gekränkt zurückgezogen, sondern bei sich selbst angefangen hat. Das erlebe ich sehr selten. Bodo ist ins Kloster gegangen und hat als Unternehmenschef zuerst und ausschließlich begonnen, an sich selbst zu arbeiten. Er hatte den Mut, total zu versagen – und dabei alles gewonnen.«

Doch was hat nicht nur mir, sondern ebenso anderen Menschen, die ich in ähnlichen Situationen begleiten durfte, dabei geholfen, die Ängste und Zweifel zu überwinden? Couragiert zu sein? Das waren starke innere Bilder, die ihren Ursprung in meist sehr emotionalen Ereignissen hatten. Bei mir war es ein Bild aus meiner Kindheit. Ich war sechs Jahre alt, als ich vor meinen Freunden und mit großer Klappe auf einen fünf Meter hohen Sprungturm kletterte, um mit einem Sprung ins Schwimmbecken allen zu beweisen, wie mutig ich war. Oben angekommen, machte ich dann die Erfahrung, dass mir die Höhe viel größer vorkam als zuvor vom Beckenrand. Und nun stand ich da oben, meine Freunde warteten da unten, und ich kam aus der Nummer nicht mehr heraus. Jetzt wird es ganz schön eng, dachte ich angesichts der fünf Meter und der Angst davor, mich verletzen zu können. Doch nach einer gefühlten Ewigkeit überwand ich die Zweifel, schritt durch den Widerstand der Angst hindurch und sprang.

Auch nach der Mitarbeiterbefragung konnte ich nicht zurück, das Unternehmen nicht zurückgeben. Mein Vater und Unternehmensgründer war drei Jahre zuvor bei einem Flugzeugabsturz ums Leben gekommen. Und Ergebnisse der Befragung zu verschweigen, war ebenfalls keine Option. Vier Jahre zuvor hatte ich schon einmal eine Mitarbeiterbefragung durchführen lassen, allerdings die Ergebnisse nie öffentlich gemacht. Das war bei den Mitarbeitern auf eine große Ablehnung gestoßen, und das war womöglich sogar einer der vielen Gründe, weshalb es bei der zweiten Befragung noch schlechter lief. Anstatt einen Schritt zurückzugehen, musste ich einen Schritt nach vorne tun. Wie damals auf dem Sprungbrett hatte ich durch Zweifel und Ängste hindurchzugehen und den Schritt zu wagen. Und mit der guten Erfahrung, die ich als Sechsjähriger mit dem »überlebten« Sprung unter dem tosenden Applaus meiner Freunde gemacht habe, präsentierte ich die Ergebnisse ungeschönt.

Es ist der Widerstand gegen den Widerstand, der Transformationen scheitern lässt// Es gab bei uns aber auch Führungskräfte, die nicht den Mut, das Vertrauen oder die Hoffnung hatten, dass sich durch ihre Einsicht etwas verändern könnte. Sie lehnten es ab, Verantwortung für die Situation zu übernehmen. Die Reaktionen auf dieses Verhalten waren extrem emotional. Es gab tumultartige Szenen, in denen die Mitarbeiter die Führungskräfte zur Hölle wünschten; die Kluft zwischen beiden Parteien wurde dadurch noch größer. Anders verhielt es sich bei den Führungskräften, die sich auf die Ergebnisse einlassen konnten, die die Stärke in sich trugen, Fehler einzugestehen und bereit waren, etwas zum Besseren wenden zu wollen. In den Betriebsversammlungen, in denen das geschah, erlebten wir eine positive Resonanz aus den Kreisen der Mitarbeiter. Damit war die Voraussetzung gegeben, dass Transformation, Wandel oder Entwicklung möglich wurden. Denn: ohne Resonanz keine Entwicklung.

Und überhaupt: Die stärksten Führungskräfte sind die, die auch Schwäche zeigen können. Schwache Führungskräfte fallen dadurch auf, immer Stärke zeigen zu müssen.

Was dem Transformationsprozess dann einen weiteren Schub gegeben hat, war eine Haltung, die ich mit »Verstehen statt bewerten« zusammenfassen würde. Etwas oder jemanden zu verstehen oder von jemandem verstanden werden zu wollen, trägt eine völlig andere Energie in sich, als zu bewerten oder bewertet zu werden. Immer mehr Menschen wollen lieber verstanden als bewertet werden. Das Bild, das mir in den letzten Jahren dabei geholfen hat, etwas oder jemanden eher zu verstehen als zu bewerten, war das eines Anfängers oder Kindes.

Bei vielen Gelegenheiten werde ich als Experte begrüßt. Wenn ich mich dann aber vorstelle mit: »Wer ich bin, weiß ich nicht, aber ich versuche jeden Tag von Neuem, es herauszufinden«, blicke ich in verdutzte Gesichter. Wie passt das zusammen, Experte zu sein und noch nicht einmal zu wissen, wer man ist? Die Antwort ist einfach. Ich bin kein Experte! Für mich spricht sehr wenig dafür, mich Experte zu nennen, dafür umso mehr, mich als Anfänger zu bezeichnen. Denn als Anfänger sehe ich die Welt mit anderen Augen. So begreife ich jeden Tag als ersten Tag meines Lebens. Das fühlt sich für mich viel lebendiger an, als mich mit all meinem Wissen, festgezurrten Weltbildern oder in der Vergangenheit entwickelten Vorbehalten schwer beladen durch den Tag zu schleppen. Kinder fragen, staunen, sie lassen sich von Kleinigkeiten faszinieren, sind vorbehaltlos und voller Vertrauen. Mich daran zu erinnern, mit welchen Augen ich die Welt als Kind gesehen habe, macht mich wach, aufmerksam und interessiert. Führt mich heraus aus einer Welt der Ergebnisse und zurück in eine der Erlebnisse. Erleben statt ergeben. Mit Rückblick auf die Momente, in denen es mir gelungen ist, dem Leben mit der Haltung eines Anfängers zu begegnen, und mit dem Gedanken: »Ich weiß, dass ich nichts weiß«, wird mir wieder bewusst, dass das gelingende Leben nicht im Wissen darum liegt, wie es geht, sondern in der Bereitschaft, jeden Tag als den ersten vom Rest meines Lebens zu betrachten. Also ein Leben lang.

Doch was bedeutet das in der Praxis und mit Blick auf die Ergebnisse der Mitarbeiterbefragung? Zunächst ging es für mich darum, festzustellen, was denn die Gründe für die ausgesprochene Unzufriedenheit gewesen sein könnten. Und dafür schauten wir uns die Ergebnisse an, die wir grob in drei Bereiche teilten: Arbeit, Management und Führung.

Im Arbeitsbereich wurden neben Gehaltsthemen häufig die Arbeitsbedingungen und die Ausstattung genannt. Reichte zum Beispiel die Anzahl der Kaffeelöffel nicht aus, um einen guten Service zu machen, war das zwar eine vermeintlich kleine Ursache, die aber unentdeckt und unberücksichtigt eine große negative Wirkung nach sich zog.

Muss ein Mitarbeiter nach Kaffeelöffeln suchen, um dem Gast sein Getränk bringen zu können, und lässt der Gast dann seine aufgrund des langsamen und schlechten Service entstandene Unzufriedenheit am Mitarbeiter aus, reicht es diesem irgendwann. Fehlende Kaffeelöffel können die Ursache dafür werden, dass Mitarbeiter kündigen. Es frustriert Menschen und macht sie krank, wenn sie für etwas Rechenschaft ablegen müssen, über dessen Gelingen sie nicht verfügen können.

Was für die Anzahl der Kaffeelöffel gilt, gilt auch für den Zustand und die Funktionstüchtigkeit von Arbeitsmitteln, von Werkzeugen, Computern und vielem mehr. So gab es bei uns im Unternehmen den Wechsel eines IT-Dienstleisters, und die damit einhergehenden Störungen bei unseren IT-Systemen an vielen Stellen haben für eine maximale Frustration bei einigen Mitarbeitern gesorgt. »Ich kann so nicht arbeiten«, war einer der Sätze, die ich während der wesentlich länger als geplanten Umstellung öfter zu hören bekam.

Im Kontext Management war es seinerzeit im Wesentlichen das Thema Bürokratie, das die Menschen frustriert hat, ich erwähnte es schon. Die Mitarbeiter waren zutiefst genervt von dem von mir ins Unternehmen hineingetragenen Formalismus. Aber was war die Ursache? An dem Abend, als mein Vater mit dem Flugzeug abstürzte und dabei ums Leben kam, es war der 12. Mai 2007, waren wir verabredet. Doch anstatt seines Anrufs, dass wir gemeinsam essen gehen könnten, rief mich meine Mutter an. »Komm nach Hause. Es ist etwas passiert.« Als ich bei ihr eintraf, erfuhr ich von schon anwesenden Polizisten, dass mein Vater im Wattenmeer abgestürzt sei. Von heute auf morgen musste ich Verantwortung für das Unternehmen übernehmen und das, obwohl ich weder qualifiziert noch erfahren genug war, um dieser Aufgabe gerecht zu werden. Da stand ich nun, dreiunddreißig Jahre alt, und sollte die Führung für ein Unternehmen übernehmen, das zu allem Übel auch noch mit den Folgen einer vorangegangenen Unternehmenskrise zu kämpfen hatte.

Angst schafft Bürokratie// Die Aufgabe überforderte mich, ich war verunsichert. Ich hatte Angst. Angst davor, nicht zu wissen, was zu tun war. Vor der Situation, dem Unternehmen und vor den Menschen, davor, ihnen nicht gerecht werden zu können. Ich hatte Angst zu versagen, wieder in die Krise zu rutschen, aus der das Unternehmen unter größter Anstrengung meiner Eltern und ihrer Mitarbeiter gerade erst herausgekommen war. Doch was macht ein Mensch, der Angst hat? Er sucht nach Sicherheit. Genau das habe ich getan. Und zwar indem ich ein Managementsystem einführte, mit dessen Unterstützung ich nicht nur verstehen konnte, was wie im Unternehmen läuft, sondern mit dem ich das, was lief, auch noch zu kontrollieren vermochte. Prozessbeschreibungen, Protokolle, Checklisten, Budgets, Vordrucke, Analysen, Reportings, Projektberichte, Standards, Konzepte, Organigramme, Audits, Zertifizierungen und vieles mehr sollten dafür sorgen, dass ich mich sicher fühlte, und zudem sicherstellen, dass sich das Unternehmen in die von mir gewünschte Richtung entwickelte. Und so führte mein Bedürfnis nach Sicherheit zu mitarbeiterintensiven Planungs- und Kontrollmechanismen. Unternehmensbereiche wie Controlling und Qualitätsmanagement gewannen immer mehr an Bedeutung, während der Druck und die Belastungen für die Mitarbeiter aufgrund zusätzlicher Aufgaben und der Möglichkeit, alles kontrollieren zu können, immer größer wurden.

Aber das Problem war nicht nur die immer größer werdende Belastung aus den zusätzlichen Aufgaben, sondern ebenso die Beeinträchtigungen, die mit dem Gefühl einhergingen, dass den Mitarbeitern nicht mehr vertraut oder etwas zugetraut wurde. Denn wenn ich das Gefühl habe, dass mir jemand weder vertraut noch etwas zutraut, dann nagt das an meinem Selbstbewusstsein und meinem Selbstwertgefühl.

Bürokratisierung erlebte ich jedoch nicht nur in der Hotellerie, sondern in vielen Unternehmen, die ich in den letzten zehn Jahren besuchen durfte, unabhängig davon, ob es sich um gemeinnützige, staatliche oder privatwirtschaftliche Institutionen handelte. In allen hatte das Übermaß an Bürokratie nicht nur das Vertrauen erwürgt, sondern auch den Blick auf das versperrt, wofür sie ursprünglich angetreten waren.

Bürokratisierung, oft in Verbindung mit einem ungünstigen Führungskräfteverhalten, ist einer der Gründe, weshalb Menschen nicht nur ihre Freude an der Arbeit verlieren, sondern über den immerwährenden Frust auch irgendwann krank werden. Das Gefühl von Bedeutungs- und Machtlosigkeit, vermengt sich dabei mit einem Phänomen, das in der Psychologie kognitive Dissonanz genannt wird. Bei der kognitiven Dissonanz entspricht das, was ich derzeit erlebe, nicht dem Bild, das ich mir im Vorfeld davon gemacht habe. Wenn ich mir als Kind ein Bild davon mache, wie die Arbeit als Polizist, Feuerwehrmann oder Arzt aussieht, und ich vielleicht diese Sehnsucht in mir spüre, Menschen helfen zu wollen, ihnen Gesundheit, Sicherheit oder Geborgenheit zu schenken, Verbrechen aufzuklären oder Leben zu retten. Wenn ich dann aber als Erwachsener, der einen dieser Berufe ergriffen hat, im Alltag nur noch Spielball eines Systems bin, in dem mir weder vertraut noch etwas zugetraut wird, mich mit Konzilen oder Formularen herumschlagen oder meine Tätigkeit nur noch in Kennzahlen erfassen muss, die allein dafür da sind, dass andere Menschen sich absichern können, wenn also die Realität, die ich erlebe, nichts mehr mit der Vorstellung zu tun hat, weshalb ich mich für den Beruf entschieden habe, ist eine kognitive Dissonanz gegeben.

Menschen und Zahlen// Ich war zu einem Vortrag in einem Innenministerium eingeladen, um vor dem Innenminister, den Polizeipräsidenten des Landes, Führungskräften und Mitarbeitern des Ministeriums über Führung von Menschen und ihre zukünftigen Anforderungen zu sprechen. Anschließend unterhielt ich mich mit einem der Polizeipräsidenten, wobei ich erfuhr, dass der Innenminister die Aufklärungsquote der Polizei als Erfolgskennzahl zur Kommunikation in der Öffentlichkeit nutzen wollte. Auf den ersten Blick erschien das plausibel. Zumindest für den Minister. Denn ein Innenminister mit einer hohen Aufklärungsquote ist erfolgreich, hat der Öffentlichkeit etwas vorzuweisen und darf mit ein bisschen Glück seinen Posten noch länger besetzen. Die Kehrseite der Medaille aber war, dass die Polizei ihren Schwerpunkt daraufhin auf die einfach zu lösenden Fälle gelenkt hatte. Die Schwere, Bedeutsamkeit oder Wichtigkeit eines Falls hatten eine geringere Priorität als die Anzahl der gelösten Fälle. Für einen Beamten, der mit Leidenschaft Fälle aufzuklären versucht, war das ziemlich frustrierend: Zehn aufgeklärte Fahrraddiebstähle zählten mehr als ein noch nicht gefasster Schwerkrimineller oder Terrorist.

Gleiches gilt in einem völlig anderen Kontext, etwa wenn die Anzahl der absolvierten Schulungen als Erfolgskennzahl formuliert wird. Denn dann geht es allein darum, die Anzahl der geforderten Schulungen zu erreichen. Aber ob das, was dort gelehrt wurde, wirklich sinnvoll war, ist dann eher nebensächlich.

Was bei uns im Unternehmen zu dieser überbordenden Bürokratie geführt hat, waren jedoch nicht nur meine Angst und Unsicherheit. Gefördert wurde die Entwicklung dieses die Menschen belastenden Systems ebenfalls durch Kennzahlen, die in Verbindung mit der Durchführung eines Qualitätsaudits zusammenhingen. Dabei ging es alle zwei Jahre darum, das von uns eingeführte Managementsystem auf Herz und Nieren zu prüfen, ob alles von dem, was wir zur Absicherung unserer Arbeits-, Management- und Führungsqualität an Standards, Prozessen, Dokumenten oder Checklisten eingeführt hatten, tatsächlich im Alltag angewendet wurde. Erreicht werden konnten bei diesem Audit 100 Prozent. Da keiner der Direktoren im Vergleich mit seinen Kollegen das Nachsehen haben wollte, waren alle extrem motiviert, dieses Auditergebnis zu erzielen.

Als ich in der Vorbereitungszeit zu diesen Audis durch die Hotels reiste, erblickte ich nicht nur einmal Motivationsformeln wie: »Wir schaffen 110 Prozent« oder »Alles unter 100 Prozent bedeutet Versagen«. Motivation in allen Ehren, aber wenn das Ziel eines Audits sich darin äußert, 100 Prozent zu schaffen, wird mehr das Ergebnis in den Fokus genommen und nicht die Sinnhaftigkeit dessen, was zur Sicherstellung der unterschiedlichen Qualitäten getan werden muss. Wird die Kennzahl in den Vordergrund gestellt oder besteht der Sinn nur noch darin, besser zu sein als der andere, verlieren wir unser Gefühl für das, worauf es wirklich ankommt.

Ob am Beispiel der Polizei oder unserer Schulungen und Qualitätsaudits – alle drei verbindet die übermäßige Ausrichtung auf die Zahl. Der Mensch dient der Zahl und nicht, wie wir es später für uns erarbeitet haben, die Zahl dem Menschen. Der Mensch dient der Checkliste und nicht die Checkliste dem Menschen, der Mensch dient nicht dem System, sondern das System dem Menschen. Denn immer dann, wenn der Mensch den Dingen dient und nicht die Dinge dem Menschen, wird es auf Dauer anstrengend und frustrierend.

Die Folge ist ein toxischer Cocktail, der die Menschen psychisch und physisch kaputt macht und die Gemeinschaft schwächt, sie spaltet, anstatt sie zu stärken. Ist das geschehen, sehen viele Mitarbeiter für sich keine andere Möglichkeit, als aus einem solchen Unternehmen zu fliehen. So war es zumindest bei uns bis zum Jahr 2010. Und dann sprechen Unternehmer, Politiker und die Öffentlichkeit von einem Fachkräftemangel. Ja, es mangelt vielen Unternehmen an Fachkräften. Aber der Grund dafür liegt vielleicht weniger in einem Mangel an Fachkräften an sich, sondern vielmehr darin, dass immer weniger Fachkräfte noch dazu bereit sind, sich toxischen Arbeits- und Rahmenbedingungen auszusetzen. Und das, was für die Arbeits- und Rahmenbedingungen gilt, gilt natürlich ebenso für das noch von zu vielen Führungskräften an den Tag gelegte toxische Verhalten.

Was ich im Nachhinein über mein Führungsverhalten (der dritte Bereich) verstanden habe, war, dass zu viele Zahlen, Daten und Fakten mir das Bewusstsein für das raubten, worauf es im Umgang mit Mitarbeitern ankommt. Denn diese fühlten sich damals mies und in weiten Teilen des Unternehmens auch gar nicht geführt. Oder auf eine Art und Weise geführt, die sie frustrierte und sogar krank machte.

Ein die Mitarbeiter damals sehr belastendes Führungsverhalten bestand darin, Intransparenz als Mittel zum Zweck zu nutzen, um deren Aufmerksamkeit auf sich zu ziehen. »Ich weiß alles, ihr wisst nichts. Und wenn ihr etwas wissen wollt, dann kommt zu mir.« Der Frust der Mitarbeiter wächst in dem Maße, wie eine Führungskraft darum bemüht ist, die Aufmerksamkeit auf sich zu lenken. Auch das ist eine Lehre aus unserer Mitarbeiterbefragung: Überall dort, wo Führungskräfte ihren Status, ihre Position, ihre Macht oder ihre Kompetenzen dazu nutzten, viel Anerkennung zu bekommen, war die Stimmung am schlechtesten. Dort, wo Führung mit Nötigung verwechselt wurde und »die Zahlen mehr zählten als der Mensch«, wie Oliver Haas es immer so schön auszudrücken pflegte. Ganz anders sah es bei den Führungskräften aus, die den Mitarbeitern gegenübertraten, ohne gleich den ganzen Raum einzunehmen, die ihrem Team das Gefühl vermittelten, dass ihre Führungsaufgabe sie nicht davon entbindet, ein bescheidener Mensch zu bleiben. Führungskräfte, die ihren Mitarbeitern auf Augenhöhe begegneten, wobei das bedeutete, ihnen jederzeit das Gefühl zu geben, ihnen nicht überlegen, nicht mehr wert oder bedeutsamer zu sein, verbreiteten eine völlig andere Atmosphäre. In dem Moment, wo uns die Aufgabe der Führung überheblich werden lässt, werden wir ihr nicht mehr gerecht. Mut und Demut und nicht Hochmut sind die zwingende Voraussetzung, nicht nur Menschen führen zu können, sondern auch dafür, Transformationen auf einen aussichtsreichen Weg zu bringen.

Gerechtigkeit üben

Gerechtigkeit bedeutet, jemandem oder etwas gerecht zu werden// Eine dem Menschen gerecht werdende Führung wird einer, die versucht, die Mitarbeiter an sich anzupassen, in Zukunft immer überlegen sein. Denn eine menschengerechte Führung führt zu mehr Vielfalt. Und mehr Vielfalt ist eine adäquate Antwort auf die immer größer werdende Komplexität. Das war zumindest die Erkenntnis einer studentischen Gruppe, die ich gemeinsam mit Prof. Dr. Michael Müller-Camen an der Wirtschaftsuniversität Wien begleiten durfte. Die Studenten arbeiteten nämlich heraus, dass Diversität in einem Unternehmen wie ein universeller Adapter auf die genauso komplexen wie diversen Anforderungen am Markt funktioniert.

Das gelingt aber nicht mit Führungskräften, die ihre Mitarbeiter anpassen und gefügig machen wollen. Führungskräfte, die sich als Maß aller Dinge betrachten und sich zum Maßstab ihrer Entscheidungen machen, lassen sich nicht auf die Menschen ein, sie versuchen, sie nicht einzubinden oder lassen sie nicht an Beschlüssen teilhaben. Zu viele Führungskräfte entscheiden über die Köpfe ihrer Mitarbeiter hinweg und sprechen nicht mit ihnen.

Auch ich gehörte laut Mitarbeiterbefragung zu den Führungskräften, die mehr von sich selbst und den eigenen Ideen begeistert waren, als die Fähigkeit besaßen, ihr Team zu begeistern. Auch ich war jemand, der an seinen Ideen und Vorstellungen klebte wie eine Schnecke am Felsen. Und genau das ist eine Falle, in die ich auch heute noch hineintrete. Unbewusst setze ich bei meinen Mitmenschen voraus, dass alles, was mich euphorisiert, was ich kann und weiß, ebenso für sie gilt. Ich renne dann einfach los, ohne darauf zu achten, ob überhaupt alle mitkommen oder das haben, was sie brauchen, um mitkommen zu können. Ein Bild, das mein Verhaltensmuster sichtbar machte, entstand schon sehr früh im Rahmen der Corporate-Happiness-Ausbildung einiger unserer Mitarbeiter gleich zu Beginn unseres Transformationsprozesses, um eine stärkenorientierte Kulturentwicklung in unserem Unternehmen voranzutreiben. Bei den Corporate-Happiness-Workshops ging es unter anderem darum, seine eigene Zufriedenheit oder Unzufriedenheit in Bildern auszudrücken. Ich erinnere mich an das Bild, das ich hatte. Es stellte einen ICE dar, der eine Bimmelbahn zog. Doch die Kette zwischen ICE und Bimmelbahn war gerissen. Die Erklärung der Mitarbeiterin unseres Unternehmens war: »Bodo, du liest jeden Tag ein neues Buch, hast jeden Tag neue Ideen und preschst im ICE mit 250 Stundenkilometern Richtung Zukunft. Wir, deine Mitarbeitenden, sitzen in der Bimmelbahn. Wir haben ganz andere Herausforderungen: Wir haben keine Gabeln und Löffel für das Herrichten des Frühstücks und haben Konflikte im Team. Wir kommen mit deinem Tempo einfach nicht mit.«

Und wie schwer es ist, das Verhaltensmuster des Sich-durchsetzen-Wollens und Losstiefelns zu ändern, zeigt sich darin, dass ich mich oder dass andere mich dabei »ertappen«. All das manifestiert sich manchmal in sehr kleinen Dingen.

So erinnere ich mich zum Beispiel, dass ich mich Anfang 2023 mit einer Intensivpflegekraft im Zug auf den Weg nach Hamburg machte, denn von dort aus wollten wir im Rahmen unserer alle zwei Jahre stattfindenden »Tour des Lebens« mit einigen Auszubildenden nach Ruanda reisen. Im ärmsten Teil des Landes wollten wir für zwei Wochen eine deutsche Ärztin bei ihrer Arbeit unterstützen, kranke Kinder und arme Menschen zu versorgen. Als wir während der Bahnfahrt umsteigen mussten, nahm ich meinen Koffer, stieg aus dem Zug und ging einfach los. Die Strecke kannte ich aus dem Effeff, sodass ich nicht mehr darüber nachdenken musste, was als

Nächstes zu tun war. Ich tat es einfach. Ich wusste, wo es langgeht. Doch als ich mich auf den Weg gemacht hatte, hörte ich meine Begleitung plötzlich rufen: »Bodo, sprich mit mir!«

Ich drehte mich um und schaute Martina mit fragenden Augen an.

»Bodo, sprich mit mir!«, wiederholte sie und fuhr fort: »Ich kenne mich hier nicht so gut aus. Und wenn du einfach losrennst, ohne mit mir zu reden, komme ich mir wie ein Anhängsel vor, das nur damit beschäftigt ist, irgendwie hinterherzukommen. Von daher würde ich gerne vorher wissen, was du vorhast und was wir tun.«

Diese Situation, die sich am frühen Morgen des 9. Januar abspielte, öffnete mir einmal mehr die Augen für etwas, worauf es auch im Führungsalltag, im Umgang mit Mitmenschen und Kollegen ankommt. Zu sehen, wo die Menschen stehen, was sie wissen, was sie können und auch wollen, zu hören, was sie brauchen, um sich mit einem guten Gefühl auf den Weg machen zu können. Sie dort abzuholen, wo sie sich befinden, und nicht vorauszusetzen, dass sie das wissen und können, was ich weiß und kann. Es geht darum, die Menschen an dem teilhaben zu lassen, was in unserem Kopf vorgeht, welchen Weg wir wählen.

Ein Bild, das dieses Bedürfnis eines geführten Menschen aufzeigt, ist das eines guten Bergführers. Dieser würde auch nicht voraussetzen, dass die Teilnehmer der von ihm geführten Gruppe die gleichen Erfahrungen, Fähigkeiten und Kompetenzen wie er mitbringen. Und keinesfalls würde er einfach losstiefeln und sich als Maßstab für die Geschwindigkeit nehmen, um die Strecke zum Gipfel zu bewältigen. Er würde nicht seine Kondition, sondern die der Teilnehmer als Entscheidungsgrundlage dafür wählen, wie viele Pausen unterwegs erforderlich sind. Ebenso würde er nicht voraussetzen, dass jeder genau Bescheid weiß, welches Material, welche Schuhe erforderlich sind, um den Weg zum Gipfel sicher meistern zu können. Ein guter Bergführer achtet auf seine Gruppe, spricht mit den Teilnehmern, lernt jeden einzelnen kennen und schafft damit die Möglichkeit, jedem gerecht zu werden. So erst wird die Chance erhöht, dass möglichst viele mitkommen, möglichst viele das Ziel schaffen.

In diesem Zusammenhang entsinne ich mich noch sehr gut an unsere »Tour des Lebens« in die Arktis im Spätsommer 2018. Damals machte ich mich mit zehn unserer Auszubildenden, zwei Mitarbeitern und zwei Guides auf Skiern zum Gipfel des höchsten Bergs Spitzbergens auf. Vor uns lagen vierzehn Tage im ewigen Eis, völlig auf uns gestellt, ohne Netz und doppelten Boden. Damals war es kein Bergführer, sondern unser Guide, der sich von jedem einzelnen kurz vor Aufbruch die gesamte Ausrüstung (bis zur Unterhose) hat zeigen lassen, um sie auf ihre Tauglichkeit für diese Tour zu mustern. Es war nur eine scheinbare Kleinigkeit, aber nicht nur mir, sondern auch allen anderen hatte diese Aktion nicht nur viel Sicherheit geschenkt, sondern auch ganz viel Vertrauen. Vertrauen in unseren Guide, dem es wichtig war, dass wir alles haben, was wir brauchen, um die Herausforderungen zu bestehen. Wir waren bei ihm in den allerbesten Händen.

Jedem das Seine// Dem Einzelnen gerecht zu werden, dem Menschen gerecht zu werden, stellt die Führung auch mit Blick auf den Wert Gerechtigkeit vor essenzielle, neue oder bisher vielleicht ganz anders betrachtete Herausforderungen. Dazu gehört der Umgang mit Gerechtigkeit innerhalb einer Gruppe von Menschen. Das Bild, das ich mir bisher zum Wert Gerechtigkeit gemacht hatte, war eher eines, in dem es um so etwas wie Gleichbehandlung ging. Ich vergleiche das, was ich bekomme oder habe, mit dem, was andere bekommen oder haben. Aber so viele Gedanken wir uns immer wieder darüber machten, wie eine auf den Vergleich mit anderen ausgerichtete Gerechtigkeit aussehen kann, die nicht zu Frust, Neid und damit Ärger führt, stets scheiterten sie an den unterschiedlichen Sichtweisen und Ausgangssituationen der Mitmenschen, was sie als gerecht oder ungerecht empfinden. Zum Teil nahm das sogar bizarre Züge an. Denn Menschen sind dazu bereit, lieber selbst auf etwas zu verzichten, als ertragen zu müssen, dass jemand anderes etwas mehr bekommt.

Das hat mich überrascht. Und zwar besonders in Zeiten, in denen es verstärkt darum geht, ein selbstbestimmtes Leben führen zu wollen. Doch wenn ich mein Verhalten von dem Vergleich mit anderen abhängig mache, ich mich über das Außen definiere, mein Wohlbefinden danach ausrichte, was andere haben oder bekommen, ist das das genaue Gegenteil von Selbstbestimmung. Dann bestimmen nämlich andere darüber, wer ich bin und was ich brauche. Selbstbestimmend im Sinne des Imperativs bedeutet, dass ich selbstbestimmend bin, dass ich selbst darüber bestimme, was ich zum Beispiel brauche oder haben möchte.

Was uns viele Jahre später zu neuen Sichtweisen im Umgang mit dem Begriff Gerechtigkeit gebracht hat, waren Auszüge aus zwei Kapiteln, die in der *Regel des heiligen Benedikt* zu finden sind.

Im 6. Jahrhundert gründete Benedikt von Nursia auf dem Monte Cassino, einem Berg zwischen Rom und Neapel, ein Kloster. Diese Abtei gilt als die Wiege des abendländischen Mönchtums. Um das Zusammenleben seiner Mönche zu ordnen und zu strukturieren, verfasste er eine Lebensregel, die als *Benediktsregel* fortan vielen Menschen und Gemeinschaften als Kompass auf dem Weg zur Selbsterkenntnis und als Leitfaden für eine friedvolle Gemeinschaft diente. Heute gilt die *Regel* als eines der bedeutsamsten spirituellen Handbücher aller Zeiten und ist im Angesicht der vor uns liegenden Herausforderungen aktueller denn je. So befasst sie sich mit Themen wie Verantwortlichkeit, Gemeinschaft, zwischenmenschliche

Beziehungen, Autorität, Ausgewogenheit oder die seelische und geistige Entwicklung von Menschen. Mit Beginn meiner Zeiten im Kloster habe ich angefangen, die *Regel* für mich zu erforschen und sie in meinen privaten und beruflichen Alltag übersetzt. Heute bilden die aus ihr gewonnenen Erkenntnisse das Fundament unseres unternehmerischen Handelns.

Der erste Auszug stammt aus dem zweiten Kapitel, in dem es im übertragenen Sinn um so etwas wie eine Stellen- oder Aufgabenbeschreibung des Abts geht. Dort fanden wir in den Absätzen 31–32 folgenden Text:

> *Er muss wissen, welch schwierige und mühevolle Aufgabe er auf sich nimmt: Menschen zu führen und der Eigenart vieler zu dienen. Muss er doch dem einen mit gewinnenden, dem anderen mit tadelnden, dem dritten mit überzeugenden Worten begegnen.*
>
> *Nach der Eigenart und Fassungskraft jedes einzelnen soll er sich auf alle einstellen und auf sie eingehen. So wird er an der ihm anvertrauten Herde keinen Schaden erleiden, vielmehr kann er sich am Wachsen einer guten Herde freuen.*

Bei dem zweiten Auszug handelte es sich um ein Kapitel mit der Bezeichnung: »Zuteilung des Notwendigen« (RB 34,1–7). Und genau dieses war es dann, das uns in Verbindung mit einer sich auf das Kapitel beziehenden Übung nicht nur extrem forderte, sondern uns auch neue Sichtweisen im Umgang mit dem Wert Gerechtigkeit ermöglichte. Die Übung sah vor, dass die Teilnehmer in Kleingruppen (drei bis fünf Personen) zunächst den Text lasen. Im Anschluss wurde in Einzelarbeit die zum Text mit ausgehändigten Fragen für sich beantwortet. Danach hatten die Teilnehmer der Gruppe auf Grundlage ihrer Antworten die Aufgabe, miteinander ins Gespräch zu kommen. Und so sah das Arbeitsblatt aus:

»Die Zuteilung des Notwendigen« (RB 34, 1–6)
Man halte sich an das Wort der Schrift: »Jedem wurde so viel zugeteilt, wie er nötig hatte.«

Damit sagen wir nicht, dass jemand wegen seines Ansehens bevorzugt werden soll, was ferne sei. Wohl aber nehme man Rücksicht auf Schwächen.

Wer weniger braucht, danke Gott und sei nicht traurig.

Wer mehr braucht, werde demütig wegen seiner Schwäche und nicht überheblich wegen der ihm erwiesenen Barmherzigkeit.

So werden alle Glieder der Gemeinschaft im Frieden sein. Vor allem darf niemals das Laster des Murrens aufkommen, in keinem Wort und keiner Andeutung, was auch immer als Anlass vorliegen mag.

Was sagt dir dieser Textauszug?

Was könnte der Unterschied zwischen Gerechtigkeit und Gleichbehandlung sein?

Worüber wird bei uns gerne »gemurrt« – von mir und anderen?

Worin siehst du einen Unterschied zwischen »murren« und konstruktiver Kritik?

Was tust du konkret, um dem Murren vorzubeugen und es einzudämmen – bei dir selbst und anderen?

Die Auseinandersetzung insbesondere mit der zweiten Frage brachte uns in Verbindung mit dem Auszug aus dem Kapitel des Abts zu einer ergänzenden Sichtweise zum Wert Gerechtigkeit. Bei dieser ging es nicht mehr um das Vergleichen mit anderen, sondern vielmehr darum, der Einzigartigkeit eines Menschen gerecht zu werden. Um Gerechtigkeit im Sinne von: jemandem oder etwas gerecht zu werden. Jeden Einzelnen im Team zu betrachten und nicht mehr alle über einen Kamm zu scheren. Sich auf die individuelle Persönlichkeit und Geschichte des Einzelnen einzulassen und den Menschen das an Aufmerksamkeit, Hilfestellung oder Unterstützung zukommen zu lassen, was seiner Würde, seinen Fähigkeiten, seinen Eigen- und Leidenschaften gerecht wird – und was er braucht, um gut auf der Arbeit, im Leben oder in der Gemeinschaft zurechtzukommen. Mit Blick auf die Führung ging es also nicht mehr um meinen persönlichen Führungsstil oder um allgemeingültige Führungsmethoden und -konzepte, sondern um die Antwort auf die Frage, wie werde ich der Unterschiedlichkeit der Menschen in meinem Team, in meinem Unternehmen gerecht.

Neue Führung unterstützt Menschen dabei, sich ihrer Entwicklung bewusst zu werden// Im Gegensatz zu früheren Jahren bin ich mittlerweile jemand, der sehr stark visionsorientiert ist. Die Anzahl der Geschichten, die ich später meinen Enkelkindern erzählen kann, nutze ich als Maßstab meiner täglichen Entscheidungen. Es gibt Menschen, die brauchen etwas Greifbareres als das Erzählen einer Geschichte, um sich in einem Unternehmen sicher zu fühlen. Bei noch sehr vielen sind das Zahlen. Zahlen, die als Ziel formuliert werden, das es zu erreichen gilt.

Wie dem auch sei, eine Aufgabe neuer Führung besteht darin, diese Menschen zu fragen, was es denn sei, was ihnen Orientierung geben würde. Häufig habe ich auch die Erfahrung gemacht, dass Menschen nicht nur Zahlen formulieren, um ein so formuliertes Ergebnis anzustreben, sondern um eine Entwicklung abzusehen. Das wird in Zeiten der Unvorhersehbarkeit noch viel relevanter werden, anstatt zu versuchen, irgendetwas zu erreichen. Entscheidend ist, den Menschen eine Möglichkeit zu geben, wie sie ihre Entwicklung einschätzen können. Vor allen Dingen an sich selbst. Nicht der Vergleich mit anderen steht hier im Vordergrund, sondern der Vergleich mit sich selbst zum Vortag.

Daraus ergibt sich auch die spannende Frage, die ich Mitarbeitern stellen kann: Was hilft dir dabei, für dich selbst zu erkennen, inwiefern du dich als Mensch, als Mitarbeiter in deiner Rolle, in deiner Leistung entwickelst? Das können ganz unterschiedliche Dinge sein, etwa Gespräche, die Rückmeldung geben. Andere haben sich eine Matrix zurechtgelegt, die regelmäßig aktualisiert und reflektiert wird. Das ist so unterschiedlich, wie Menschen unterschiedlich sind. Was für den einen passt, passt noch lange nicht für den anderen.

Mit Blick auf die Gerechtigkeit kennen wir viele Verhaltensmuster, die darauf ausgerichtet sind, zu vergleichen. Was hat der eine, was hat der andere? Was bekommt der eine, was bekommt der andere. Aber was ist, wenn wir ganz anders fragen: Was wird dem Menschen gerecht? Was wird der Situation gerecht? Was wird dem Bereich gerecht? Entscheidend ist, die Gerechtigkeit auf das zu beziehen, worum es geht. Also: Was wird diesem Menschen gerecht, damit er seine Potenziale voll entfalten kann? Und dadurch, dass wir so unterschiedlich sind, wird ihm immer auch etwas anderes gerecht.

Als neue Führungskraft will ich diesem oder jenem Menschen mit seinen Fähigkeiten und Talenten in irgendeiner Form gerecht werden. Doch wie? Was kann ich dafür tun, dass er für sich das entdeckt, was zu seinem Leben passt? Wie findet er die Aufgabe, die zu seinem Leben passt, wie kann ich ihn dabei unterstützen? Diesen Fokus der Mitarbeiter auf sich selbst zu lenken, ist für mich ebenfalls ein Aspekt, der für die Zukunft sehr zielführend sein kann – auch um den Neidgedanken ein Stück weit aus unserem Denken herauszunehmen. Neid ist sehr präsent. Der eine bekommt mehr Aufmerksamkeit, der andere weniger. Und wenn ich dann erwidere, ja, das stimmt, doch dieser Mensch braucht auch mehr Aufmerksamkeit, um sich wohlzufühlen, habe ich ein Argument.

Was passieren kann, wenn ich mich als Führungskraft nicht auf mein Gegenüber einlassen und ihm in seiner Einzigartigkeit begegnen kann, durfte ich im Umgang mit einem früheren Hoteldirektor erfahren. Diesem versuchte ich, wie allen anderen von mir geführten Menschen, mit meiner eher kooperativen, laissez-fairen und zur Selbstverantwortung ermutigenden Führungsweise zu begegnen. Doch das war für einen Menschen, der in seiner bisherigen Laufbahn als Marineoffizier gearbeitet und eine eher autokratische Führungsweise gelebt und erlebt hatte, nur schwer anzunehmen. Ein »Marineoffizier im Stuhlkreis« hatte dann letztlich auch dazu geführt, dass ich ein Hotel schließen musste. Und das, weil ich meinen (Führungs-)Stiefel durchziehen wollte und das offensichtlich ohne Rücksicht auf Verluste.

Menschengerecht sprechen// Unterschiedliche Menschen fühlen sich auch unterschiedlich angesprochen, dafür braucht es zum Teil eine andere Sprache, abhängig vom biografischen Hintergrund, von der fachlichen Ausrichtung oder von persönlichen Eigenschaften. Als Führungskraft bin ich so etwas wie ein Übersetzer, ein Dolmetscher, der eine Übersetzung findet, die seiner Zielgruppe gerecht wird und entspricht. Damit diese sich angesprochen fühlt. Denn wenn sich die Einzelnen nicht angesprochen fühlen, entsteht keine Resonanz – und ohne Resonanz passiert nichts.

Vor Jahren machte ich die Erfahrung, welch positiven Einfluss eine dem Menschen gerechte Führungseinstellung und Sprache auf die Entwicklung eines Teilnehmerkreises haben kann. Ort des Geschehens war ein Managementkongress in Mannheim mit dem Schwerpunkt Lean Management. Dort hielt ich einen Vortrag über den Transformationsprozess in unserem Unternehmen, und im Anschluss daran hatte ich die Aufgabe übernommen, mit einer Gruppe von Managern einen Workshop durchzuführen. Ich bereitete den Raum, in dem der Workshop stattfinden sollte, vor, mit einem Stuhlkreis, und wartete darauf, dass die ersten Teilnehmer ihre Köpfe durch die Tür streckten. Das taten sie dann auch. Bei nicht wenigen durfte ich, als sie den Stuhlkreis erblickten, in überraschte, in manchen Fällen sogar verunsicherte oder echauffierte Gesichter schauen. Sie wirkten auf mich etwas gestresst, sodass ich einen für sie eher beruhigenden Einstieg in die gemeinsamen anderthalb Stunden finden wollte. Ich entschied mich, nicht – wie sonst in meinen Besprechungen mit Mitarbeitern – mit ein paar Minuten der Stille zu beginnen, sondern mit einem Om oder Aum, ein von Buddhisten, Hindus oder Yogis als heilige Silbe beschriebenes Wort. Es verbindet, kurz erklärt, Vergangenheit, Gegenwart und Zukunft und erzeugt, langsam als Mantra verwendet, Vibrationen, die Körper, Geist und Seele miteinander verbinden sollen.

Aber wie passt das zusammen: Lean Manager, Stuhlkreis und jetzt auch noch Om? So etwas kannten sie nicht. Um den Teilnehmern gerechter zu werden und tatsächlich eine Resonanz zu bewirken, entschied ich mich für eine alternative Ansprache. Ohne mein Ziel aus den Augen zu verlieren, vermied ich die Silbe Om und wählt eine andere Ansprache, die zum gleichen Ziel führen sollte: die Vagusnerv-Massage oder Stimulation. Und so lud ich die Teilnehmer nach einer Begrüßung dazu ein, sich mit mir auf eine Reise zu begeben:

»Der Mensch hat ein willkürliches, ein somatisches, und ein unwillkürliches, ein autonomes Nervensystem. Während wir beim somatischen Nervensystem etwas bewusst tun können, zum Beispiel die Hand zu einer Faust ballen, können wir die Körperfunktionen, die vom autonomen Nervensystem angesteuert werden, nicht bewusst kontrollieren. Dazu gehört, dass mein Herz schlägt, meine Nieren arbeiten und mein Atem geschieht. Dieses unwillkürliche Nervensystem ist wiederum eingeteilt in das sympathische und das parasympathische Nervensystem. Das sympathische Nervensystem ist aktiviert, wenn wir einer Gefahr ausgesetzt sind, dann sind wir im Kampf- oder Fluchtmodus. Evolutionär wird gern vom Säbelzahntiger gesprochen, vor dem wir eher flüchten, als dass wir den Kampf wagen. Doch heute ist es nicht mehr der Säbelzahntiger, sondern etwa ein Projekt, ein Chef oder eine Besprechung, was unser sympathisches Nervensystem in Gang setzt. Die Folge ist, wir sind gestresst.

Das parasympathische Nervensystem wird dagegen aktiviert, wenn wir zur Ruhe kommen. Der zentrale Nerv im parasympathischen System ist der Vagusnerv, dieser verläuft unter anderem an den Seiten des Kehlkopfs entlang. Und wenn wir ihn nun stimulieren, werden wir uns sehr schnell wieder entspannen. Das Einzige, was wir dafür tun müssen, ist, unseren Kehlkopf zum Schwingen zu bringen. Und das geschieht, indem wir mit einem leicht zu einem O geformten Mund anfangen zu brummen.« Und schon wurde, ohne dass ich das Wort »Om« benutzt hatte, tief gebrummt.

Stärkende Bilder

Ein Bild sagt mehr als tausend Worte// Eine »Sprache«, die fast jedem Menschen gerecht wird und die sich bei uns im Unternehmen immer weiter verdichtet, ist die Bildsprache. Bilder sind unmissverständlich und geben darüber hinaus genügend Raum für Interpretationen. Wir haben festgestellt, dass all das, was wir gemeinsam entwickelt und in Bildern festgehalten haben, keiner weiteren Nachverfolgung bedarf, sondern es sich tatsächlich vollzieht. In den vergangenen Jahren wurden bei uns tonnenschwere Businesspläne und Projektberichte durch die Erarbeitung leicht verstehbarer Erfolgsbilder abgelöst. Erfolgsbilder sind für uns solche, aus denen komprimiert hervorgeht, worauf es uns ankommt. Im Rahmen einer unserer Entwicklungswerkstätten sind wir dazu übergegangen, alle die Gegenwart und Zukunft betreffenden Themen und Strategien als große Graphic Recordings visualisieren zu lassen. Ein einziges Bild, das sich einprägt, ist oft hilfreicher als tausend Seiten Detailwissen, die ich in kurzer Zeit nicht erfassen und verarbeiten kann. Also lassen wir Bilder sprechen!

Diese Erkenntnis bewog immer mehr Menschen aus dem Unternehmen dazu, Malkurse bei unserer Partnerin Barbara Schneider vom Team Visual Facilitators zu besuchen, um die Ergebnisse von Besprechungen nicht auf großen Textfriedhöfen mit der Bezeichnung »Protokoll« bestatten zu müssen. Daraus ist ein ganzes Arsenal kraftvoller Bilder entstanden, dessen Umfang sogar zu der Überlegung führte, eine Ausstellung mit ihnen zu machen. Diese Bilder halfen uns jedenfalls dabei, unsere Kursbestimmung mit Mitteln, die jeder versteht, im Auge zu behalten. Denn wir hatten verinnerlicht, dass nur fünf Prozent unserer Verhaltensweisen aus der Ratio entstehen, aber 95 Prozent aus dem Unbewussten, dem

Selbst. Und das wiederum besteht aus Bildern, aus inneren Bildern. Also ging es uns um innere Bilder und die von ihnen ausgehende Kraft.

Im Spätherbst 2019 hatte ich eine Praktikantin bei mir, eine Regierungsdirektorin aus Nordrhein-Westfalen, die mich für eine Woche begleitete. Als ich ihr am ersten Tag ihres Praktikums sagte, wir würden gemeinsam in einen Visualisierungskurs gehen, schaute sie mich verdutzt an. »Wieso so etwas?«, fragte sie. Sie wäre ja hier, um zu lernen, wie Führung funktioniert, zum Malen sei sie eigentlich nicht gekommen … Meine Antwort: »Neben dem Basteln, Singen und Philosophieren gehört auch das Malen zu den wichtigen Führungsinstrumenten.«

Bei der Visualisierung werden Menschen dabei unterstützt, sich ein Bild davon machen zu können, worum es bei einer Aufgabenstellung geht. Ist das Bild entstanden, passieren Verhalten und Handeln, ohne viel nachdenken zu müssen. Weil ein Bild eben mehr sagt als tausend Worte. Wenn man sich zum Beispiel bei einer Organisationsaufstellung ein Bild davon macht, wie die Menschen oder die Dinge zueinanderstehen, wird einen das bei einer anstehenden Entscheidung sehr unterstützen – und zwar ohne dass man sich dessen immer bewusst ist.

Sehr häufig haben wir erlebt, dass Mitarbeiter das Bild ihres Entwicklungsprozesses betrachtet haben und dass sich viele der Sachen, die sich in ihm wiederfanden, über kurz oder lang verwirklichten – ganz ohne im Nachgang To-do-Listen gemacht zu haben. Der Blick auf das Bild war häufig ausreichend dafür, dass etwas Entsprechendes in Bewegung kam.

Durch unsere gemeinsam geschaffenen Bilder gewannen und gewinnen wir eine grundsätzliche Einigkeit in dem, worum es uns geht und worauf es uns ankommt. Selbst wenn uns die Umstände zwischenzeitlich vom Kurs abbrachten, wir im Zickzack durch die eine oder andere Krise schlingerten, führte uns der Blick auf die Bilder schnell wieder zurück auf den für uns richtigen Weg. Mehr und mehr haben wir die von den Bildern ausgehende Klarheit und Kraft genutzt, um gegenwärtig zu bleiben und Entscheidungen zu treffen. Denn der Abgleich mit dem Bild zeigt, worauf es ankommt, und der Abgleich mit dem, was die aktuelle Situation hergibt, erfolgt wie von selbst, nahezu automatisch.

Hemmende Bilder// Bilder, insbesondere innere Bilder können aber ebenso der Grund für Widerstände sein, die wir im Rahmen von Transformationen immer wieder erfahren, ohne erkennen zu können, was denn die Ursachen für diese Widerstände sind. Lange haben wir uns auf unserem Entwicklungsweg gefragt, warum sich manche Menschen oder Organisationen so schwertun, tatsächlich in Bewegung zu kommen. Schließlich stellten wir fest, dass wir häufig versucht haben, den Entwicklungsprozess über den Kontext zu verändern. Wir haben also Prozesse verändern wollen, Methoden, was aber bei einem nicht unerheblichen Teil der Mitarbeiter zu Konflikten geführt hat.

Doch weshalb war das so? Es brauchte ein bisschen, bis wir das herausgefunden hatten – es lag an den inneren Bildern. Jeder von uns hat innere Bilder. Unser Unterbewusstsein besteht aus inneren Bildern. Und wenn diese inneren Bilder nicht mit den Veränderungen im Kontext korrespondieren, kommt es zu Konflikten. Frage ich zum Beispiel in einem Unternehmen nach dem Geschäftsführer und beobachte, wie sich die Augen desjenigen, an den ich die Frage richte, nach oben richten, zeigt das, dass diese Person noch das innere Bild von einer Machtpyramide in sich trägt. Der Chef ist oben, und wir sind hier unten. Sollte nun in diesem Unternehmen darüber nachgedacht werden, den Kontext in Richtung Partizipation oder Augenhöhe zu entwickeln, wird das so lange zu Konflikten führen, wie die Mitarbeiter noch ihre alten inneren Bilder in sich tragen.

Diese Konflikte sind dann maßgeblich dafür verantwortlich, dass Widerstände oder sogar Blockaden entstehen beziehungsweise bestehen bleiben. Diesbezüglich erinnere ich mich an ein Gespräch mit Oliver Haas, in dem es darum ging, dass die Unzufriedenheit der Mitarbeiter oft auf Missverständnissen beruht, auf unterschiedlichen inneren Bildern. Oliver erzählte: »Ich stand mit der Gruppe der Corporate-Happiness-Botschafter vor eurer Firmenzentrale in Emden. In jedem Modul der Ausbildung hatten wir vereinbart, dass die Workshops jeweils in einem anderen Hotel stattfinden sollten. Als sich die Mitarbeiter nun vor der Zentrale zusammenfanden, fragte mich eine Teilnehmerin, wo wir denn jetzt wären. Ich sagte: ›Vor der Firmenzentrale.‹ Ungläubig blickte sie die anderen Teilnehmer an, die auch alle verdutzt meinten: ›Das ist die Zentrale?‹ Im Gespräch mit den Teilnehmern stellte sich heraus, dass alle ein ganz anderes Bild von der Zentrale hatten. Sie waren sich sicher, es wäre ein großes Hochhaus mit Gold und großen Fenstern, modern, stylish. Und nun standen sie vor einem relativ nüchternen Bürogebäude.

Wir gingen in die Zentrale hinein und in dein Büro. Ich erklärte: ›Das ist das Büro von Bodo Janssen.‹ Wieder waren die Teilnehmer irritiert. Denn alle dachten, der Geschäftsführer der Hotel-Gruppe würde bestimmt in einem luxuriös ausgestatteten Büro sitzen, in einem Zimmer mit einem riesigen Schreibtisch und großen Konferenzstühlen. Er würde in einer edlen, eleganten Atmosphäre arbeiten. Von der Nüchternheit waren alle verwirrt.

Sobald wir uns jedoch über unsere inneren Bilder mitteilten und austauschten, mit wirklichem Interesse für den anderen, verschwanden die Missverständnisse mehr und mehr. Wenn man dies mit Mitarbeitern macht, die ein Interesse haben, an sich selbst zu arbeiten, senkt das die Barrieren zwischen Standorten und Abteilungen deutlich.«

Korrespondieren also die inneren Bilder der Mitarbeiter nicht mit den sich verändernden Umständen, Prozessen und Methoden, werden sie es sehr schwer haben, sich bei dem Wandel aktiv einzubringen, so sehr sie es auch wollen. Es ist dann ihr Unterbewusstsein, was sie sich anders verhalten lässt, als es der Kontext von ihnen verlangt. Es macht somit wenig Sinn, nur den Kontext zu verändern, dagegen hilft es ungemein, wenn gleichzeitig an den inneren Bildern der Mitarbeiter gearbeitet wird.

Innere Bilder entstehen weniger über die Ratio, nicht so sehr über das Hören eines Vortrags oder das Lesen eines Buchs, sondern stets in Verbindung mit einer Erfahrung, die ich mache. Das heißt, einen Wandel kann man nur voranbringen, wenn Erfahrung und Veränderung im Gleichklang sind. Das ist gegeben, wenn Impulse kommen, die sich zu einer Erfahrung festigen, wobei ein Impuls nach dem anderen erfolgen sollte.

So-sein-Dürfen

In Zeiten der Diversität gewinnt die Bereitschaft, sich einlassen zu können, eine immer größere Bedeutung// Mit Blick auf den Wert Gerechtigkeit geht es aber nicht nur um eine menschengerechte Ansprache, sondern auch um ein dem Mitmenschen gerecht werdendes Verhalten. Und so beschreibt das neue Führen auch den Weg vom Sich-durchsetzen-Wollen zum Sich-einlassen-Können sowie den vom Etwas-ablehnen-Wollen zu dem von Etwas-annehmen-Wollen. Sich einlassen zu können, hat auch etwas mit der Bereitschaft zu tun, sich führen lassen zu wollen. Wenn ich mich auf etwas oder jemanden einlasse, lasse ich mich führen. Und will ich mich führen lassen, setzt das voraus, dass ich bereit bin, mich einzulassen.

Um das zu erkennen, hat mir ein Gespräch mit Fidelis Ruppert, dem ehemaligen Abt des Klosters Münsterschwarzach, geholfen. Bei unserer ersten Begegnung hatte er einen Vortrag gehalten, in dem es darum ging, wie Menschen zu führen sind, die man nicht entlassen kann. Gemeint war das Führen einer Mönchsgemeinschaft. Gut zehn Jahre später trafen wir uns eher zufällig auf dem Gang des Gästehauses der Abtei wieder. Wir gingen ein paar Schritte zusammen, Fidelis beschrieb dabei ein Bild, das mich nicht nur sehr ansprach, sondern auch meine weitere Sichtweise im Umgang mit Unverfügbarkeit und Anderssein veränderte. In diesem Gespräch vermittelte er mir, dass es beim Führen nicht nur um Fähigkeiten geht, die wir im Umgang mit Umständen brauchen, über die wir nicht verfügen können, entscheidend ist der Umgang mit den Menschen, die uns begegnen, unabhängig davon, ob es sich dabei um Kollegen oder Vorgesetzte handelt.

»Bodo«, sagte er, »hier in der Klostergemeinschaft sind wir alle Brüder, was aber längst nicht heißt, dass wir auch Freunde sind. Freunde suchen wir uns aus, Brüder nicht.

Doch Brüder oder Schwestern sind die längste Zeit ihres Lebens miteinander verbunden. Und egal, ob sie sich mögen oder nicht, sie bleiben Brüder oder Schwestern.«

Mit Blick auf die Arbeitskollegen macht es keinen Sinn, nur nach denjenigen zu suchen, die dem eigenen Weltbild, den eigenen Interessen, einer ähnlichen Arbeitsweise oder einem vergleichbaren Führungsbild entsprechen. Egal, mit wem wir es zu tun haben, jeder wird etwas an sich haben, an dem wir uns stoßen werden. Den in unseren Augen perfekten Mitarbeiter wird es genauso wenig geben wie den perfekten Chef oder Kollegen. Und wenn wir uns für eine Gemeinschaft, ein Unternehmen oder ein Team entscheiden, werden auch immer Menschen Teil dieser Gemeinschaft oder des Unternehmens sein, die völlig andere Ansichten, Fähigkeiten und Eigenschaften mit sich bringen. Es macht also keinen Sinn, vor Menschen mit anderen Ansichten zu flüchten, stattdessen sollten wir versuchen, mit ihnen zu leben. Angesichts des Fachkräftemangels oder einer hohen Fluktuation bringt es nichts, wie schon erwähnt, nach perfekten Mitarbeitern oder Führungskräften zu suchen. Besser wäre es, zu lernen, mit den Menschen umzugehen, die da sind, und sich gegenseitig in der Weiterentwicklung zu unterstützen.

Was mich bei den vielen Begegnungen mit Mönchen immer wieder überrascht hat, war, dass ich jedem von ihnen auch auf der Straße hätte begegnen können. In der Mönchsgemeinschaft sind mir keine Menschen ohne Fehl und Tadel begegnet. Davon war ich zunächst ausgegangen. Aber tatsächlich bin ich im Laufe der Jahre immer wieder auf Menschen gestoßen, die eher nicht »heilig« waren, sondern ihre Eigenarten, Eigenschaften, Ecken und Kanten hatten, und die waren nicht nur positiv. Sie konnten sich sogar wie die Kesselflicker streiten. Offensichtlich ist es so, dass selbst scheinbar perfekte, auf die menschliche Entwicklung und Gewinnung von Selbsterkenntnis ausgerichtete Rahmenbedingungen nicht unbedingt dazu führen, dass sich Menschen von ihren vermeintlichen Fehlern, Schwächen oder negativen Eigenschaften befreien können. Der Unterschied, den ich zwischen Mitgliedern der Mönchsgemeinschaft und vielen weltlichen Menschen beobachtet habe, ist jedoch der, dass die Mönche die Fähigkeit entwickelt haben, nicht nur sich selbst, sondern ebenso den Mitbruder (an)zunehmen, wie er ist. Wann immer ich im Kloster Münsterschwarzach einen Kurs durchgeführt habe, habe ich im Anschluss an eine Führung durch die Abtei, in der die Teilnehmer mit Mönchen in Kontakt kamen, ausnahmslos die Rückmeldung erhalten, dass sie bislang noch nie so viel Authentizität erlebt hätten: »Jedem Mönch, dem ich begegnet bin, nehme ich ab, dass er so ist, wie er ist. Und dieses So-sein-Dürfen erlauben sie nicht nur sich selbst, sondern auch ihren Mitbrüdern.«

Genau das habe ich ebenfalls immer wieder erlebt: Die Mönche versuchen gar nicht erst, einen Mitbruder zu verändern. Und ich bin davon überzeugt, dass in diesem So-sein-Dürfen, wie ich bin, das große Geheimnis gelingender Beziehungen und Gemeinschaften liegt. Denn anders ließe es sich für mich nicht erklären, weshalb Menschen sich freiwillig für etwas Lebenslängliches entscheiden. Die Entwicklung einer solchen Haltung hat natürlich eine Quelle und zwar wieder einmal *Die Regel des heiligen Benedikt*, die ja eine der zentralen Grundlagen für das Zusammenleben der Mönche bildet. In meiner weltlichen Interpretation beinhaltet die *Regel* alles, was es dafür braucht, nicht nur sich selbst zu erkennen, sondern auch, was es braucht, damit Menschen genauso friedlich wie gut zusammenleben können, so unterschiedlich sie auch sind. In Zeiten der Diversität und Mehrdeutigkeit ist das eine entscheidende Fähigkeit.

Kapitel 72 in der *Regel* beschreibt den guten Umgang, um miteinander auszukommen, es trägt die Überschrift: »Der gute Eifer der Mönche«. Auch bei dieser Passage aus der über

1500 Jahre alten Schrift haben wir uns im Unternehmen Fragen gestellt, die jeder für sich zu beantworten hatte, um darüber einen Weg in einen ergebnisoffenen Dialog zu finden:

> »Der gute Eifer der Mönche« (RB 72, 3–7)
> *Diesen Eifer sollen also die Mönche*
> *mit glühender Liebe in die Tat umsetzen,*
> *das bedeutet: Sie sollen einander*
> *in gegenseitiger Achtung zuvorkommen;*
> *ihre körperlichen und charakterlichen Schwächen*
> *sollen sie mit unerschöpflicher Geduld ertragen;*
> *im gegenseitigen Gehorsam sollen sie miteinander wetteifern;*
> *keiner achte auf das eigene Wohl, sondern mehr auf das des anderen*

Die Regel des heiligen Benedikt will die Gemeinschaft stärken. Wie würdest du den »guten Eifer der Mönche« mit deinen Worten beschreiben?

____

____

____

____

Sich auf das Wohl der Mitmenschen auszurichten, stärkt laut Benedikt die Gemeinschaft. Wie könnte sich das auf das Wohl deiner Teamkollegen ausrichten, wie – ganz praktisch – für dich im Alltag aussehen?

____

Welche Parallelen (Gedanken, Verhaltens-, Sichtweisen) könnte es zwischen meinem Umgang mit dem Gast und meinem Umgang mit dem Kollegen geben?

Was könnte mir dabei helfen, »die körperlichen und charakterlichen Schwächen mit unerschöpflicher Geduld zu ertragen«? Wie kannst du konkret mit den Schwächen deiner Kollegen umgehen?

Und was für den Umgang mit charakterlichen Stärken und Schwächen gilt, gilt auch für den Umgang mit anderen, aber eher im Laufe des Lebens erlernten Reflexen, Sichtweisen,

Meinungen, Selbst-, Fremd- und Weltbildern. In einem Gespräch mit einer leitenden (weltlichen) Mitarbeiterin des Gästehauses im Kloster ging es einmal um die unterschiedlichen Sichtweisen von zwei Mitarbeiterinnen über die Art und Weise, wie sie die ihnen gestellten Aufgaben lösen wollten. Die beiden Frauen gehörten nicht nur verschiedenen Generationen an, sie waren auch in vielen Punkten wie Feuer und Wasser, wie Hund und Katze. Die eine konnte es nicht leiden, wie die andere arbeitete, und umgekehrt. So wie sich die Beziehung zwischen diesen beiden Mitarbeiterinnen darstellte, erfahren es unzählige Menschen in unzähligen Situationen. Sei es zwischen Arbeitskollegen, Mitarbeitern und Vorgesetzten, in Beziehungen und Partnerschaften, Impfbefürwortern und Impfgegnern, die letzte Generation gegenüber vorangegangenen. Die Liste ist unendlich lang und führt zu der Frage, wie wir diesen so voneinander abweichenden Sichtweisen klug begegnen können.

Um mit dieser Vielfalt nicht nur gut umzugehen und um sich bestenfalls auf eine Einheit in der Vielfalt zu verständigen, ist der schon beschriebene Grundsatz des Verstehens zu befolgen. Und was ich in jedem Fall verstanden habe: Solange wir bewerten mit Richtig und Falsch und zu allem Überfluss auch noch versuchen, das, von dessen Richtigkeit wir überzeugt sind, auch noch durchzusetzen, womöglich gegen den Willen der anderen, sind die eine Gemeinschaft spaltenden Konflikte vorprogrammiert.

Im Daoismus, einer Religion und Philosophie aus dem Fernen Osten, findet sich ein Begriff, mit dem es sich zu beschäftigen lohnt, wenn es um Menschen und Gemeinschaft stärkenden Umgang mit Diversität und Mehrdeutigkeit geht und mit einer diesen Ansprüchen gerecht werdenden (neuen) Führung. Es handelt sich um den Begriff *Wu wei*, wortwörtlich bedeutet er »Nichteinmischung«. Im Daoismus ist man davon überzeugt, dass die meisten Probleme dann entstehen, wenn wir versuchen, anderen unseren Willen aufzuzwingen. Wenn wir uns anmaßen, anderen zu erklären, wie das Leben funktioniert oder die Arbeit. Auch bei den Wüstenvätern existiert ein ähnlicher Gedankengang: »Wer belehrt, klagt an«, heißt es in Kurzform bei Abba Poimen (um 340 – angeblich 450) in den *Apophthegmata Patrum*. Der Mönch der Spätantike wollte damit zum Ausdruck bringen, dass es wichtig ist, den Menschen die Möglichkeit zu bewahren, selbst ihre Erfahrungen zu sammeln.

Sich nicht in die Angelegenheiten anderer einzumischen, beschert aber nicht nur ihnen, sondern auch einem selbst viel Ruhe. Wir können ohnehin nicht darüber verfügen, was andere Menschen zu fühlen, zu denken, zu sagen oder zu tun haben. Wir können sie höchstens einladen, inspirieren oder ermutigen, eine Erfahrung zu machen.

Bei der Umsetzung des Gedankens der »Nichteinmischung«, der Kunst des Nicht-Handelns, hat mich eine philosophische Betrachtung weitergeführt: »Das eine ist der Mensch. Das andere seine Meinung.« Die Meinung eines Menschen sagt sehr wenig darüber aus, wer dieser Mensch ist. Vielmehr sagt die Meinung eines Menschen viel darüber aus, woher er kommt, was er erlebt hat, mit welchen Menschen er zu tun hatte oder welche Erfahrungen er im Leben gemacht hat. Das Sein ist das, was uns qua Geburt mit auf den Weg gegeben wird, während sich unsere Meinung durch das entwickelt, was von außen an uns herangetragen wird. Das eine ist der Mensch, das andere seine Meinung. Das eine sind wir, das andere haben wir. Das, was wir sind, ist das, was uns miteinander verbindet, während das, was wir haben, etwas ist, was uns voneinander trennt. Deutlich wird das auch am bereits erwähnten Umgang mit Spiritualität. Wir sind spirituell, aber wir haben eine Religion. Während uns Spiritualität miteinander verbindet, ist es häufig die Religion, die uns voneinander trennt. Und emotional herausfordernd wird es häufig, wenn wir glauben, unsere Meinung zu sein, wenn wir uns mit ihr identifizieren.

Gleiches gilt für den Umgang mit den Meinungen anderer. Denn Streit geschieht meist nicht, wenn zwei Menschen aufeinandertreffen, sondern vielmehr, wenn zwei (unterschiedliche) Meinungen aufeinandertreffen.

Die Aufgabe besteht dann darin, sich auf jemanden oder etwas einzulassen, ohne es selbst zu sein. Und das gilt nicht nur für die Beziehungen zwischen zwei Mitarbeitern, sondern für jede Beziehung und damit im beruflichen Kontext auch für die Beziehung zwischen Vorgesetzten und Mitarbeitern. Einst moderierte ich einen Werte-Workshop für einen internationalen Automobilhersteller, an dem Mitarbeiter aus drei Werken in Deutschland, Ungarn und Belgien teilnahmen. Nicht überraschend war, dass die Mitarbeiter aus den drei Ländern ein unterschiedliches Verständnis davon hatten, was Verantwortung bedeutet und durch welche konkreten Verhaltensweisen sich Verantwortung im operativen Miteinander manifestiert. Hätten nun alle Beteiligten auf ihre Sicht der Dinge, auf ihr Verständnis zu diesem Wert beharrt, hätten wir nie eine Einheit in der Vielfalt gefunden. Doch so haben wir uns auf ein gemeinsames Verständnis einigen können.

Führung ungleich Management// Früher gehörte ich zu den Führungskräften, die den Mitarbeitern durch einen vollen Terminkalender, einen schnellen Schritt durch den Flur mit nach vorne gerichtetem Blick und einer unbestechlichen Sekretärin mit Leibwächtermanier zum Ausdruck brachte, schwer beschäftigt zu sein und keine Zeit für jemanden zu haben, der nicht schon vor Wochen um einen Termin angefragt hatte. Es gab skurrile Situationen, in denen ich abends um 23:00 Uhr in einem unserer Hotels ankam und ohne einen Mitarbeiter zu sehen (außer beim Check-in) morgens um 4:00 Uhr wieder abreiste. Und nicht selten wurde hinter vorgehaltener Hand von mir als einem »Phantom« gesprochen. Das, was durch mein Verhalten die Mitarbeiter maximal frustrierte, war die Beziehung zu ihnen. Ich untergrub die Gemeinschaft, das Teamgefühl.

Doch in Zeiten der Unvorhersehbarkeit ist das Gefühl von Zugehörigkeit, das Gefühl, Teil einer Gemeinschaft zu sein, von größter Bedeutung. Bei uns im Unternehmen entwickeln mittlerweile immer mehr Führungskräfte das Bewusstsein, dass die gelingende Beziehung zu den Werten gehört, die bei den Erfolgsfaktoren neuer Führung an oberster Stelle stehen sollte.

Doch das war nicht immer so. Und ich selbst war ja eine jener Führungskräfte, denen Zahlen, Daten und Fakten wichtiger waren als die Menschen in ihrem Umfeld. Erfolge mussten für mich messbar sein. »Was ich nicht messen kann, kann ich auch nicht steuern«, war einer meiner Glaubenssätze, die mich prägten und den Menschen in den Hintergrund treten ließen. Aber es waren gerade die nicht unmittelbar messbaren Faktoren, die eine besondere Bedeutung für unsere Entwicklung und Zukunftsfähigkeit hatten. Und so ist einer der entscheidenden Faktoren bei der neuen Führung, sich zu trauen und es sich auch zu erlauben, dass Führungserfolg durchaus etwas sein darf, das ich nicht mit klassischen Controlling-Instrumenten messen können muss. Was mir geholfen hat, mich auf das Unmessbare im Führungskontext einzulassen, waren zwei Punkte:

1. Umkehr der Priorisierung von Menschen und Sachen (Zahlen, Daten, Fakten). Hier ging es um die Antwort auf die (Gretchen-)Frage: Ist der Mensch Mittel oder Zweck, dient der Mensch der Zahl oder die Zahl dem Menschen? Wie schon an den Beispielen der Polizei oder unserer Qualitätsaudits beschrieben, nimmt die Entwicklung eines Unternehmens zum Teil bizarre Züge an, wenn sich der Mensch in den Dienst der Zahl oder einer Checkliste stellt. Andersherum macht es wiederum Sinn. Wenn die

aufbereiteten und zur Verfügung gestellten Zahlen einem Mitarbeiter dabei helfen, seine Entwicklung absehen zu können, erfüllt die Zahl den Zweck, ihn in dieser Entwicklung zu stärken. Dann hat die Zahl nicht den Effekt, dass der Mensch unter schwierigen Umständen an dem von ihr ausgehenden Druck zerbricht. Sie wird genutzt, um zu wachsen. Hierbei geht es weiterhin um die Unterscheidung zwischen Effektivität und Effizienz. Nur weil etwas effizient ist, muss es noch lange nicht effektiv sein. Oder: Auch die richtige Antwort auf eine falsche Frage führt uns in eine falsche Richtung.

2. Differenzierung zwischen Führung und Management. Zwar hatte ich von vielen Seiten gehört, dass zwischen Führungs- und Managementaufgaben unterschieden werden könne, widmete diesen Impulsen in meiner damaligen Rolle als Unternehmer aber keine weitere Aufmerksamkeit. Ich hatte mich auf die Lehre und Lektüre des einstigen österreichischen Management-Gurus Fredmund Malik konzentriert, und dieser hatte nicht zwischen Führung und Management differenziert. Für ihn gab es nur Management. Und wodurch sollten sich Führung und Management überhaupt unterscheiden? Letztlich war es dann doch sehr einfach. Wir führen Menschen, und wir managen Dinge. Während die Führung ihren Schwerpunkt auf die Entwicklung von Menschen und einer Firmenkultur legt, steht das Management dafür ein, dass die Organisation zwischen den Beteiligten gut funktioniert und die Zahlen stimmen.

Meine Entscheidung, das Unternehmen als Mittel zum Zweck dafür zu betrachten, Menschen zu stärken, bekam durch die Differenzierung zwischen Führung und Management noch einmal viel Klarheit. Denn das Bewusstsein, das aus der Betrachtung beider Punkte entstand, war:

Führung beschreibt den Dienst am Menschen und an der Gemeinschaft. Führung ist nicht nur Mittel zum Zweck um den Menschen, sondern auch den Menschen innerhalb einer Gemeinschaft und die Gemeinschaft an sich zu stärken. Menschen auf Ihrem Weg vom Beruf zur Berufung zu begleiten.	**Management beschreibt den Dienst an der Organisation** und der wirtschaftlichen Tragfähigkeit. Management ist Mittel zum Zweck für Rahmenbedingungen, die es den Menschen möglich machen, gut zusammenzuarbeiten und sich ihrer Persönlichkeit entsprechend optimal in die Organisation einzubringen. Das Management ist Mittel zum Zweck dafür, dass das Unternehmen den mit dem Unternehmertum einhergehenden Sachzwängen gerecht wird.
Führung ist eine geistige Kunst. Die Zukunft wird uns stärker auf der menschlichen Ebene fordern. In ihr wird es mehr um das Unvergängliche gehen, um das, was uns noch trägt, während sich vieles um uns herum aufzulösen droht. Und so wird sich die neue Führung stärker auf die inneren, geistigen, spirituellen und persönlichen Entwicklungen eines Menschen fokussieren. Sie beschreitet den Weg vom Wissenden zum Weisen. Und das wird in Zeiten, in dem unser Wissen zunehmend von KI übernommen wird, immer mehr an Bedeutung gewinnen.	**Management ist eine fachliche und methodische Kompetenz.** Sie fokussiert sich stärker auf die vergänglichen und materiellen Dinge im Außen. Management versucht auch, mehr äußere Klarheit zu gewährleisten, dient der qualitativen und quantitativen Entwicklung des Unternehmens, verändert den Kontext.
Führung entwickelt Menschen, Verhaltensweisen und Fähigkeiten.	**Management produziert Ergebnisse und setzt Regeln durch.**

Und noch etwas ist mir vor nicht allzu langer Zeit im Kontext von Führung und Management bewusst geworden. Bei aller Differenzierung gehören Führung und Management zusammen. Gutes Management ist ohne Führung nicht möglich und gute Führung nicht ohne Management. Beides auf sich gestellt, erfährt früher oder später seine Grenzen, begrenzt die Entwicklung eines Unternehmens oder die einer Gemeinschaft.

Wir können die Verantwortung für den Umgang mit sich abzeichnenden Entwicklungen nicht allein auf Methoden, Konzepte, Strukturen oder neue Technologien abwälzen, auch wenn es viel einfacher ist, sich auf ein Konzept zu fokussieren als auf einen Menschen. Die Sache »gehorcht«, der Mensch nicht. Besonders bewusst ist mir das am Beispiel des Verkehrssektors und seinen Herausforderungen im Umgang mit dem Klimaschutz geworden. So ist der Wechsel zu E-Mobilität in Verbindung mit gleichbleibenden Verhaltensweisen der Bevölkerung nur einen Bruchteil so wirksam, als wenn die Menschen dazu bereit wären, ihr Verhalten den Erfordernissen anzupassen. Erst dann werden sie vom Individualverkehr absehen, öffentliche Verkehrsmittel benutzen oder Autos nur noch voll besetzt fahren. Hier ist der Mensch gefragt, denn die neue Technik allein wird das Problem nicht lösen.

Das betrifft nicht nur den Verkehr und das Klima. In jedem Entwicklungs-, Wandlungs- oder Transformationsprozess ist der Mensch dazu aufgefordert, sich nicht nur seiner Haltung und damit seiner Verhaltensweisen, Fähigkeiten und Eigenschaften bewusst zu werden, sondern diese ebenso an die sich permanent weiterentwickelnden Umstände anzupassen. Und genau diese beiden Aspekte werden in Zukunft einen Führungsanspruch formulieren: Bewusstsein schaffen – Entwicklung fördern.

Die beiden Kernaufgaben Führung und Management verhalten sich dabei wie Yin und Yang, jene Begriffe aus dem Daoismus, die für entgegengesetzte und dennoch aufeinander bezogene duale Kräfte oder Prinzipien stehen. Sie bekämpfen sich nicht, sondern ergänzen einander, führen zu einer harmonischen Balance. Vielleicht stand in der Vergangenheit das Yang, das mit männlich, Tag, hell und der oberen Körperhälfte assoziiert wird – Ying mit weiblich, Nacht, dunkel und der unteren Körperhälfte –, zu sehr im Vordergrund. Aber in komplexen Zeiten werden wir nicht darum herumkommen, wieder verstärkt ein Gleichgewicht zwischen den beiden Größen herzustellen. Nur die eine Kraft wird den Anforderungen an die Zukunft ohne die andere nicht gerecht werden können. In den letzten Jahren erfuhr ich immer wieder, wenn ich meinen persönlichen Schwerpunkt zu sehr in Richtung Führung gelegt hatte und daraus in zu vielen Managementbereichen ein Vakuum entstand war, in dem sich dann eine derart toxische Atmosphäre entwickelte, dass Führung allein nichts mehr ausrichten konnte. Es braucht dieses Gleichgewicht.

Konkret bedeutet das, wie schon beschrieben, dass der Entwicklung des Menschen im Unternehmen die gleiche Bedeutung zuteilwird wie die der Entwicklung von Prozessen, Standards, Produkten und der Wirtschaftlichkeit. Führung und Management tragen die Verantwortung dafür, dass sich Menschlichkeit und Sachzwang auf »Augenhöhe« bewegen. Doch beide Aufgaben sind groß und wichtig, sodass ich sie ab einer bestimmten Unternehmensgröße je als Vollzeitjob beschreiben würde. Zumindest habe ich die Erfahrung gemacht, dass ich ab einer bestimmten Größe unserer Unternehmen den von beiden Aufgaben ausgehenden Anforderungen in Personalunion nicht mehr gerecht werden konnte. So haben wir im Unternehmen damit begonnen, zwischen Führungskräften und Managern, zwischen geistiger und wirtschaftlicher Führung zu unterscheiden. Zudem haben wir sogar zwei Start-ups innerhalb unserer Unternehmensgruppe gegründet, die sich jeweils auf einen Schwerpunkt – Führung oder Management – fokussiert haben und Mensch und Organisation im Gesamtunternehmen bei ihrer Entwicklung unterstützen. Und während sich unsere Manager auf ihrem Weg an den schon bekannten, vielleicht auch klassisch anmutenden, aber vor allem messbaren Kennzahlen orientieren, sieht es bei den Maßstäben von Führungserfolg ein bisschen anders aus.

Vertrauen aufbauen

Angst ist gefräßig// Doch die Unterscheidung zwischen Führung und Management existierte für mich in der Zeit bis und zum Teil auch noch nach der Mitarbeiterbefragung nicht. Für mich waren Führung und Management ein und dasselbe, und das, worauf ich mich in allem, was ich tat, fokussierte, waren Zahlen, Daten und Fakten. Und dieser Fokus führte mich dann weg von den Mitarbeitern, weg von ihrem Bedürfnis danach, gesehen, gehört, verstanden, gewürdigt, respektiert, anerkannt oder beteiligt zu werden. Die menschliche Distanz zu ihnen und dem, wonach sich viele Menschen sehnen, machte sie nicht nur unzufrieden, sondern bewirkte bei nicht wenigen sogar Angst. Und so kam es nicht von ungefähr, dass drei Jahre nach der Mitarbeiterbefragung, nachdem wir uns auf den Weg gemacht hatten, die Mitarbeiter aus der Angst heraus ins Vertrauen zu führen, ein Artikel über unsere Transformation in der Zeitschrift *brand eins* erschien, mit dem Titel: »Wir haben keine Angst mehr«. Bis dahin hatten die Mitarbeiter zum Teil Angst davor, den Job zu verlieren, weil die Zahlen nicht stimmten, sie den Ansprüchen der Chefs nicht genügten oder bei ihnen aneckten. Oder sie hatten Angst, Probleme anzusprechen und Fehler zu machen. Angst vor dem Unbekannten, dem Ungewissen, dem Unvorhersehbaren. Angst vor den Chefs und Mächtigen »da oben«. Es war eine Atmosphäre der Angst, die sich seit meiner Übernahme der Verantwortung nach dem Tod meines Vaters im Unternehmen breitmachte.

Erst spät wurde mir bewusst, dass die Angst der Mitarbeiter nur Ausdruck meiner persönlichen Angst war. Ich wollte das Unternehmen unbedingt aus der Abhängigkeit und Willkür der Investoren in die Unabhängigkeit führen, und die Mitarbeiter waren für mich nur Mittel zum Zweck, dass mir dieses gelingt. Als Ostfriese war mir der Leitspruch »Lieber tot als Sklave« zu einer persönlichen Maxime geworden. Vielleicht hatte ich aber eher Angst davor, nicht zu genügen, Angst vor den Folgen einer nochmaligen Krise, Angst, der Willkür unserer Investoren ausgesetzt zu sein.

Häufig genug hatte ich äußerst schmerzhafte Erfahrungen auf den Gesellschafter- oder Eigentümerversammlungen machen müssen, weil die Zahlen nicht stimmten, unsere Arbeit in den Augen der Anleger nicht genügte oder wir Probleme ansprachen, die wohl bestanden, die diese aber nicht hören wollten. Nicht selten kam es vor, dass ich eine aus den Angeln geratene Versammlung mit dem Gefühl verlassen hatte, mich wie ein Leibeigener des eingezahlten Kapitals zu fühlen. Letztendlich erging es mir mit den Anlegern genauso wie unseren Mitarbeitern mit mir und ihren Vorgesetzten. Wir hatten Angst. Und in dem Versuch, aus meiner Angst gegenüber der Abhängigkeit zu entfliehen, trug ich selbst dazu bei, dass noch mehr Angst entstand. Und zwar bei den Menschen im Unternehmen.

Diese Angst begegnet mir immer noch, nicht nur bei uns, sondern in fast allen privaten und beruflichen Situationen. Gerade im Fahrwasser stürmischer wie dynamischer Zeiten gibt es viele unruhig gewordene Entscheider in Banken, in anderen Unternehmen, bei Partnern oder Investoren. Ob Banker, die ihr teilweise destruktives Verhalten mit den im Bankensystem bestehenden Restriktionen rationalisieren, oder der Eigentümer und Verpächter eines unserer Hotels, der uns mit einer Armada von Juristen und Beratern konfrontiert, oder Führungskräfte, die ihr Verhalten mit dem Willen wiederum ihrer Vorgesetzten entschuldigen. »Bodo hat gesagt ...«, könnte dann ein Einstieg in solch ein Gespräch sein, das für einen der beiden Beteiligten eher unangenehm endet. Und manch ein Mitarbeiter erklärt seine unbewusste Angst davor, nicht zu genügen, mit dem Wunsch, Karriere machen zu wollen. Und mit Blick darauf habe ich auch schon erlebt, dass diese Mitarbeiter lieber versuchen, den Vorgesetzten zu gefallen, als zu tun, was das Gewissen oder die Situation erfordern.

Wo ich auch hinschaue, aus immer mehr Gesichtern oder Verhaltensweisen spricht die blanke Angst. Genauso wie es bei mir vor über zwölf Jahren war. Doch was ich in meiner wiederkehrenden Auseinandersetzung mit diesem Gefühl erkennen durfte, war, dass Angst Ursache und Wirkung zugleich ist. Die Ursache für die Probleme, die uns Angst machen, ist die Angst selbst. Die Folge ist, dass viele Menschen Angst vor der Angst haben und deshalb versuchen, sie zu vermeiden. Doch der permanente Versuch, Angst zu vermeiden, führt letztlich zu noch mehr Angst und nicht zuletzt auch zu Gewalt. Sei es in Form von Gedanken, Sprache oder Taten. Genau das erleben wir mit dem Krieg in der Ukraine.

Angst ist gefräßig, und je mehr Raum wir ihr geben, desto größer und stärker wird sie. Ein Teufelskreis, der sich besonders in Bezug auf die Symptome unserer Zeit immer mehr verstärkt. Das Fatale ist, dass Angst nicht nur die Menschen, sondern auch die Unternehmen, in denen diese arbeiten, krank macht. Nichts belastet Unternehmen so sehr wie Angst. Das gilt für die Wirtschaftlichkeit genauso wie für Innovationen, für die Transformationsfähigkeit oder das Wohlbefinden der Mitarbeiter.

Und wenn wir nochmals auf das Thema Fachkräftemangel eingehen, dürfen wir uns die Frage stellen, welchen Einfluss Angst auf den hier und dort auftretenden Mangel hat. Wie viel Arbeitskraft fällt der Angst des Menschen zum Opfer? Wo und wie viele Mitarbeiter sind damit beschäftigt, der Angst etwas entgegenzusetzen? Angst bindet unzählige Ressourcen: hier ein Sicherheits-, Arbeitsschutz- oder Datenschutzbeauftragter, da ein Controller. Und allein die hohe Anzahl derer, die erforderlich sind, die vermeintlich absichernden Bürokratien aufrechtzuerhalten. Wofür könnten diese Arbeitskräfte alternativ eingesetzt werden, wenn in viel mehr Unternehmen nicht eine Kultur der Angst, sondern eine des Vertrauens bestehen würde? Angst kostet nicht nur unfassbar viel Zeit, Geld und Energie, sondern beraubt den Arbeitsmarkt um wertvolle Arbeitskräfte, die sich mit etwas wirklich Sinnvollem beschäftigen könnten. Wenn wir also etwas gegen den Mangel an Arbeitskräften tun wollen, sollten wir nicht nur Vertrauen aufbauen, sondern mit dem Vertrauen auch Angst und Bürokratie abbauen. Ganze Branchen leben von der Angst des Menschen.

Anstatt also zu versuchen, Kosten ausschließlich im Materiellen, Personellen oder Workflow (Arbeitsablauf) zu senken, wären wir gut beraten, die Menschen aus der Angst ins Vertrauen zu führen. Das gilt für den Unternehmer ebenso wie für seine Führungskräfte. Angst spaltet, frustriert, lähmt, bedingt Mobbing, Nötigung, Druck sowie Stress und endet nicht zuletzt häufig in einem Burn-out. Angst raubt den Menschen genauso wie den Unternehmen all das, was sie brauchen, um in und mit unsicheren Zeiten zurechtzukommen. Und von daher besteht die wichtigste Führungsaufgabe der Gegenwart, der neuen Führung darin, Menschen aus der Angst heraus zurück ins Vertrauen zu bringen. Ich erwähnte es schon, es kann aber nicht oft genug wiederholt werden.

Vertrauen entsteht durch das, was ich tue, und nicht durch das, was ich sage// In Zeiten von Komplexität und Unvorhersehbarkeit werden wir mit den aus der Angst heraus entwickelten Kontrollmechanismen schlecht aufgestellt sein. Eine zukunftssichere Zusammenarbeit basiert in Zeiten der Unsicherheit auf dem Fundament des Vertrauens. Hier sind folgende Fragen wichtig:

- Wie gelangen wir aus der Angst wieder zurück ins Vertrauen?

- Wie finden wir Vertrauen in uns selbst? Vertrauen in andere? Vertrauen in das Leben?
- Durch was oder welche Verhaltensweisen gelingt es mir als Führungskraft, das Vertrauen meiner Mitarbeiter zu gewinnen?

Das Vertrauen entsteht durch das, was ich tue, wie ich mich meinen Mitmenschen gegenüber verhalte. Genauso gibt es eine entscheidende Frage für Menschen, die geführt werden:

- Wie gewinne ich das Vertrauen meiner Führungskraft?

Nicht zu vergessen, die Fragen, die mich beschäftigen:

- Würde ich gerne mit mir selbst zusammenarbeiten wollen?
- Wie gewissenhaft betreibe ich meine Aufgaben und Projekte?
- Wie würden Aufgaben und Projekte laufen, wenn alle so arbeiten würden wie ich?

Diese an mich selbst gestellten Fragen helfen mir dabei, bei mir zu bleiben und mich und meine Arbeitsweise nicht mit der der anderen zu vergleichen. Denn wenn wir unsere Arbeitsweise, unseren Einsatz oder das Engagement von dem der anderen abhängig machen, haben wir schon verloren. Wir können ja nicht über das Verhalten anderer Menschen verfügen. Und aus diesem Grund ist es wichtig, das eigene Verhalten auch nicht in Abhängigkeit vom Verhalten anderer zu stellen. Ich stehe für mich ein und lade meine Mitmenschen dazu ein mitzukommen.

Ich muss darauf vertrauen, dass ich mich auf mich selbst verlassen kann. Wenn ich mich nicht auf mich selbst verlassen kann, werden es auch andere nicht können.

Resilienz entwickeln

Resilienz ist eine der wesentlichen Voraussetzungen für eine erfolgreiche Transformation// Resilienz beschreibt vor allem die Fähigkeit, unsere Angst zu nutzen, anstatt vor ihr zu fliehen. In Zeiten der Unvorhersehbarkeit gewinnt die Fähigkeit, klug mit seiner Angst umgehen zu können, immer mehr an Bedeutung.

Der Neurologe und Psychiater Viktor Frankl beschreibt drei essenzielle Quellen der Angst: die Angst vor dem Tod, die Angst vor der Schuld und die vor dem Leid. Die Angst vor dem Tod musste ich vor fünfundzwanzig Jahren selbst erfahren, als ich von Kidnappern entführt und während der Entführung immer wieder mit dem Tod bedroht worden bin, es gab insgesamt acht Scheinhinrichtungen. Auch wenn ich viele Jahre später in der Reflexion dieser Erfahrungen die zu meinem Leben tatsächlich passenden Werte erkennen durfte, war das damalige Gefühl natürlich etwas, was ich keinem Menschen wünschen würde. Gleiches gilt für die Schuld. Die wenigsten Menschen wollen sich wirklich schuldig machen. Diese Angst geht meist einher mit der Angst, ausgestoßen zu werden. Aus einer Kultur, Gesellschaft oder einem Unternehmen. Die Gefahr, geächtet, bestraft oder gekündigt zu werden, steigt in dem Maße, wie wir uns schuldig machen. Wer sich schuldig macht, gehört nicht mehr dazu, wird ausgegrenzt. Die Sehnsucht, sich zugehörig zu fühlen, ist bei manchen Menschen derart ausgeprägt, dass sie lieber mit einem schlechten Gewissen als mit einem schlechten Ruf leben.

Bei der Angst vor dem Leid vertreten Buddhisten die Auffassung, dass ihre Ursache in einer Identifikation (Anhaftung) mit den Dingen besteht. Gemeint ist damit, dass Menschen sich mit dem identifizieren, was sie besitzen. Wir glauben, das zu sein, was wir haben. Das können Gedanken,

Meinungen, aber genauso die Position auf der Visitenkarte, der schicke Firmenwagen oder das große Eckbüro sein. Und wenn dann eine Krise wie die Pandemie das Risiko mit sich bringt, dass wir etwas verlieren können, mit dem wir uns identifizieren, bekommen wir Angst. Wer bin ich denn noch, wenn ich dieses und jenes nicht mehr habe? Wie stehe ich denn da, wenn ich mein großes Auto wieder gegen ein kleines oder mein schönes Eckbüro gegen ein Großraumbüro eintauschen muss? Wer bin ich noch, wenn nicht mehr diese oder jene Position auf der Visitenkarte steht?

Bei uns im Unternehmen gab es eine Anzahl von Mitarbeitern, für die der Gedanke, ihren Titel auf den Visitenkarten gegen ein allgemeines »Upstalsboomer« einzutauschen, unerträglich war. Und auch eine befreundete Führungskraft in einer deutschen Großbank berichtete mir von erheblichen Widerständen bei dem Versuch, die Mitarbeiter davon zu überzeugen, ihre Titel von der Visitenkarte zu streichen. So gesehen sind Krisen, in denen wir etwas Materielles oder Immaterielles verlieren, eher Identitätskrisen als tatsächliche, unser Leben bedrohende Situationen. Das könnte auch ein Grund sein, weshalb nicht wenige Mitarbeiter eine Transformation als Krise empfinden. Die Beteiligten oder Betroffenen haben Angst davor, ihre Identität zu verlieren. Solange wir uns also mit Dingen oder Gedanken identifizieren, beherrschen sie uns. Solange sind wir auch mehr fremd- als selbstbestimmt. Und unter dem Gefühl, fremdbestimmt zu sein, leiden viele.

Viktor Frankl hat aber ebenso beschrieben, dass es kein Leben ohne Tod, Schuld und Leid gibt. Jeder von uns wird irgendwann sterben, jeder von uns macht sich in irgendeiner Form schuldig, und jeder von uns wird irgendwann auch leiden. Anstatt also ständig zu versuchen, vor der Angst (und ihren Quellen) zu fliehen, können wir besser lernen, klug mit ihr umzugehen und sie zu nutzen. Das Gleiche gilt im Übrigen ebenso beim Umgang mit Problemen. Es wird immer mehr Probleme geben, als wir im Moment lösen können. Anstatt zu versuchen, immer alle Probleme auf einmal lösen zu wollen, sollten wir lieber lernen, mit einigen von ihnen zu leben.

Sich diesen Herausforderungen zu stellen und mit ihnen leben zu können, ist eine neue Führungsaufgabe. Dabei spielt es eine untergeordnete Rolle, ob wir von Lebensführung oder Selbstführung sprechen oder darüber, andere zu führen oder sich führen zu lassen. Es geht darum, sich und andere darin zu befähigen, mit dem Unvermeidbaren leben und umgehen zu können. Um die Antwort auf die Frage, wie ich nicht an der gefühlt so verrückt gewordenen Welt zerbreche, sondern sie nutze. Und das ist einer der Kernpunkte beim Thema Resilienz. Eine der wichtigsten Führungsaufgaben unserer Zeit besteht auch darin, Menschen aus der Verwundbarkeit heraus in die Resilienz zu begleiten.

Unvermeidbares nutzen// Aber wie nutze ich das Unvermeidbare? Wie ich den wiederkehrenden Gedanken an den Tod heranziehen kann, um das zu mir passende Leben zu leben oder gut durch stürmische Zeiten zu gelangen, habe ich schon öfter beschrieben. Eine Methode aber, mit der wir unsere Gedanken an den Tod als Möglichkeit ansehen können, wichtige Entscheidungen zu treffen, erfuhr ich von Dr. Denis Schmelter. Er koordiniert das Bildungsangebot der Abtei Münsterschwarzach, leitet Seminare im Schnittfeld von Theologie, Psychologie und Benediktinischer Spiritualität und hat selber vier Jahre lang als Mönch gelebt. Auf meine Nachfrage im Hinblick auf Entscheidungen schrieb er mir:

Lieber Bodo,
es gibt eine Methode, die auf die Wüstenväter zurückgeht. Wenn man vor einer schweren Entscheidung steht, versetzt man sich in der Vorstellung möglichst intensiv zu-

erst in die Option A und dann in die Option B und spürt danach in sich hinein: Wo ist mehr von den folgenden vier Werten?
1. Lebendigkeit
2. Freiheit
3. Liebe
4. Friede (sowohl äußerlich, also das harmonische gute Auskommen mit den Mitmenschen, als auch innerlich, also die innere Zufriedenheit, die Herzensruhe, der zufriedene Einklang mit sich selbst, seiner Umgebung etc.; was die Wüstenväter »Hesychia« nennen, einen Zustand des dankbar-freudigen Mit-sich-im-Reinen-Seins).
Die Option, in der mehr von diesen vier Werten verwirklicht werden kann beziehungsweise mehr davon erfahrbar/spürbar/fühlbar ist, entspricht tendenziell mehr dem Willen Gottes, mithin auch der eigenen Berufung.
Sollte dies keine Klarheit bringen, etwa in einer Pattsituation, wenn beispielsweise bei Option A mehr Lebendigkeit und Freiheit, bei Option B mehr Liebe und Friede ist, dann kann man sich noch die Frage stellen: »Würde ich es auf dem Sterbebett bereuen?« – Letzteres aber nur bei wirklich existenziellen, weichenstellenden Entscheidungssituationen.
Hoffe, das hilft Dir weiter?
Ganz herzliche Grüße,
Denis

Was für den Umgang mit dem Tod gilt, gilt auch für den Umgang mit der Schuld. Nicht die Flucht davor, sondern die Auseinandersetzung damit hilft mir dabei, nicht nur ein selbstbestimmteres oder gelasseneres (Arbeits-)Leben zu führen, sondern auch ein Team auf die Herausforderungen der Zukunft vorzubereiten. Im Rahmen eines Online-Impulses für die konzernübergreifende VW-Community »Achtsamkeit &

Resilienz« berichtete ich von einem Interview über die Entwicklung unserer Unternehmenskultur. Das Interview fiel in den Zeitraum, in dem die Fußballweltmeisterschaft 2022 in Katar stattfand. Und so blieb es auch nicht aus, dass ich am Ende des Gesprächs dazu befragt wurde:

»Herr Janssen, in Katar findet ja gerade die Fußballweltmeisterschaft statt. Wie stehen Sie denn dazu, dass ein so wichtiges Sportereignis mit Vorbildcharakter in einem Land stattfindet, in dem Menschenrechtsverletzungen zur Tagesordnung gehören?«

Ich antwortete: »Unabhängig davon, dass ich mir aufgrund nicht ausreichender Informationen hierzu noch keine abschließende Meinung gebildet habe, wünschte ich mir natürlich, dass Menschenrechte nicht verletzt werden. Das gilt aber nicht nur für Katar, sondern für die ganze Welt.«

»Wie habe ich das zu verstehen?«, fragte der Redakteur. »Können Sie mir das näher erläutern?«

»Gerne«, erwiderte ich. »Was auch immer in Sachen Menschenrechtsverletzungen in Katar geschieht, ich werde mir nicht anmaßen, das zu verurteilen.« Der Redakteur schaute mich irritiert an, doch bevor er darauf etwas entgegnen konnte, griff ich in die Innentasche meines Sakkos, holte mein Handy heraus und hielt es ihm entgegen. »Solange ich dieses Handy nutze, werde ich mir nicht anmaßen, andere Länder für ihre Menschrechtsverletzungen zu verurteilen. Allein mit meinem Handy mache ich mich schuldig an den Rechten sehr vieler Menschen, ganz besonders an den Kindern im Kongo, die dort täglich in Bergwerken schuften und nach Kobalt schürfen.«

Trotz der nur digitalen Verbindung zu den Teilnehmern des Online-Kongresses spürte ich nach meiner Erzählung eine gewisse Form der Betroffenheit, aber auch Nachdenklichkeit im Auditorium. Doch es dauerte nicht lange, bis sich ein erster Teilnehmer mit einer Frage meldete:

»Das Bewusstsein, dass auch ich mich an anderen Menschen schuldig mache – wofür ist das gut? Wie gehe ich damit um?«

»Das Wissen darüber«, so antwortete ich, »dass sich jeder schuldig macht, dass auch ich mich an anderen Menschen schuldig mache, ob ich das will oder nicht, hilft mir dabei, einen guten Umgang mit der Schuld und den Fehlern anderer zu finden. Es fordert mich auf, etwas zu verstehen, anstatt etwas zu verurteilen oder zu bewerten. Urteilen vergrößert den Abstand zwischen Menschen. Etwas oder jemanden verstehen zu wollen, führt Menschen zueinander. Das Bewusstsein darüber, dass ich mich schuldig mache, ist eine der essenziellen Quellen im Umgang mit den Fehlern und Schwächen anderer. Es hilft mir, nicht nur den Balken im eigenen, sondern ebenso den Dorn im Auge meines Gegenübers zu erkennen. Das Bewusstsein über meine eigene Fehlbarkeit, meine eigene Schwäche hilft mir, meinen Mitmenschen auf Augenhöhe und mit Demut zu begegnen. Die Fehler eines anderen fallen schnell auf. Aber für einen anderen bist du der andere. Und statt die Fehler anderer zu verurteilen, sollten wir das Beobachten dieser bei Mitmenschen lieber dafür nutzen, unsere eigenen zu erkennen. ›Wer bin ich denn eigentlich, dass ich mir ein Urteil über einen anderen anmaßen könnte? Urteile über niemanden!‹ – das ist eines der vielen Zitate von Poimen, einem der Wüstenväter. Und wenn ich mich selbst dabei ›erwische‹, einen anderen Menschen zu verurteilen, habe ich mir dafür ein paar Fragen verinnerlicht, auf die ich nie Antworten finden werde:

1. Weiß ich, was so alles in einem anderen vorgeht?
2. Wer bin ich, dass ich mich selbst als Richter gegenüber einem anderen Menschen aufspiele?
3. Weiß ich, was der andere mitgemacht hat?
4. Welche Last trägt jemand mit sich herum?
5. Welche Vergangenheit hat die Person zu dem gemacht, was sie heute ist?

Würde ich mich anders verhalten, wenn ich die Antworten auf diese Fragen wüsste?«

Und das durfte ich auch erfahren: Wenn ich mich statt eines Urteils oder einer Behauptung dazu überwinden kann, eine Frage zu stellen, wird sich die Anzahl meiner Konflikte reduzieren und die meiner Freunde erhöhen. In unserem Unternehmen erleben wir, dass das Einräumen eigener Fehler und sie zu kommunizieren im gesamten Team wächst. Die Bereitschaft, sich Fehler einzugestehen, macht gerade in Zeiten der Unvorhersehbarkeit einen großen Unterschied, denn in ihnen braucht es eine schonungslose Offenheit. Jeannette, eine Upstalsboom Wegbegleiterin, brachte es auf den Punkt: »Mitarbeiter können die Wahrheit nicht nur ertragen, sie haben sie auch verdient.«

Fehler, Fehlverhalten und sich anbahnende Krisen, die nicht unmittelbar nach ihrem Erkennen zur Sprache kommen, werden den in schwierigen Zeiten erforderlichen Vertrauensaufbau unweigerlich behindern. Wenn Menschen nicht wissen, wo sie stehen, womit oder mit wem sie es zu tun haben, nicht wissen, worauf sie bauen können, dann geraten sie schnell in ein Entscheidungs- und Handlungsvakuum. Also geht es darum, Fehler zu erkennen, sie anzuerkennen und sich dazu zu bekennen und sie für die menschliche und unternehmerische Weiterentwicklung zu nutzen.

Fehler sind weder gut noch schlecht. Sie definieren lediglich eine Investition in die Weiterentwicklung. Und je weniger Fehler wir sinnvoll nutzen, desto schlechter wird das Verhältnis von Investition und Entwicklung. Wenn also der Anspruch besteht, die Effizienz zu erhöhen, sollten die Ursachen für Fehler genau untersucht werden. Nicht um Schuldige, sondern um Lösungen für die Zukunft zu finden. In dem Moment, in dem wir Fehler verurteilen, wird dieser in Zukunft überlebenswichtige Prozess gestoppt. Dies gilt sowohl für die Führenden als auch für die Geführten. Das proaktive Ansprechen von Fehlern, ganz besonders der eigenen gegenüber anderen, ist sehr entwaffnend und sorgt für eine stärker werdende Verbundenheit im Team. Die größte Gefahr geht in diesem Zusammenhang von Menschen aus, die die Fehler anderer für sich nutzen wollen. Die andere kleinmachen wollen, um selbst ein Stück größer zu sein, die die Schwächen anderer dafür verwenden, selbst einen Vorteil zu haben. Diese Verhaltensmuster gilt es radikal zu beseitigen.

Was für den Umgang mit Fehlern gilt, gilt ebenso für den Umgang mit Schwächen. Menschliche Weiterentwicklung geschieht in genau jenen Momenten, in denen es gelingt, die Barrikaden einer vermeintlichen Unfehlbarkeit niederzureißen. In der neuen Führung geht es darum, Menschen trotz Schwächen dabei zu unterstützen zu wachsen – und zwar über ihre Schwäche hinauszuwachsen.

Ebenso ist es wichtig, sich als Führungskraft der eigenen Schwächen bewusst zu sein. Denn im Bewusstsein, dass auch ich Schwächen habe, gehe ich mit den Schwächen anderer nachsichtiger um. Wenn ich ehrlich genug bin und mir meine eigenen Schwächen eingestehen kann, werde ich auch die anderer nicht infrage stellen.

Schwachheit ist deshalb eine Stärke, weil sie zur Einsicht und Nachsicht im Umgang mit sich und anderen führt. Wenn ich keine Schwächen hätte, wäre es für mich unmöglich, gute Beziehungen zu führen. Aber was macht die Schwäche zur Stärke? Wann wird Schwäche zur Stärke? Wenn ich mich ihrer bewusst werde, sie annehme und im Umgang mit anderen nie vergesse.

Enttäuschen und enttäuschen lassen

Führen und sich führen zu lassen, setzt die Bereitschaft voraus, zu enttäuschen und sich enttäuschen zu lassen// Was für die Haltung im Umgang mit dem Tod und der Schuld gilt, trifft ebenso auf den Umgang mit Leid zu. Auch Leid ist unvermeidbar, und so haben wir hier die Chance, das Unvermeidbare für unsere Entwicklung zu nutzen, anstatt davor zu flüchten. Beim Thema Leid werde ich sehr häufig mit folgender Aussage konfrontiert: »Ich habe Angst davor, enttäuscht zu werden.« Die wenigsten Menschen möchten enttäuscht werden. Doch Enttäuschungen sind genauso schmerzhaft wie wertvoll, und die Bereitschaft zu enttäuschen und sich enttäuschen zu lassen, gehört nicht nur zu den elementaren Ressourcen heutiger Zeit, sondern spielt auch im Kontext von Führen und Sich-führen-Lassen eine elementare Rolle. Enttäuschungen entstehen, wenn die Vorstellung, die ich von etwas oder jemandem habe, nicht der Wirklichkeit entspricht. Solange wir unsere Wünsche mit der Wirklichkeit verwechseln, unsere Ideen mit der Realität oder uns wichtige Werte mit der Fähigkeit, diese auch tatsächlich leben zu können, werden wir enttäuscht.

So ist die Wahrscheinlichkeit groß, dass Führungskräfte ganz anders sind als das Bild, das sich Mitarbeiter von ihnen gemacht haben. In meiner beruflichen Abhängigkeit habe ich vielleicht noch die Erwartung, dass der Chef da oben unfehlbar zu sein hat. Und dann erlebe ich plötzlich eine Führungskraft, die nicht meinem inneren Bild entspricht. Dass sie eben nicht unfehlbar ist, dass auch sie Grenzen hat und Fehler macht. Und dann bin ich enttäuscht. Aber jede Enttäuschung führt uns näher heran an die Realität, und das gilt für meinen Job, meine Kollegen oder den Vorgesetzten. Wenn ich also nicht nur arbeiten möchte, um Geld zu verdienen, sondern wieder Freude haben möchte bei dem, was ich tue, komme ich an einem konstruktiven Umgang mit Enttäuschung nicht vorbei. Die Bereitschaft, sich führen zu lassen, steht und fällt mit der Fähigkeit, aufbauend mit Enttäuschungen umzugehen.

Wenn ich also ein ehrliches Interesse daran habe, zu erfahren, wer ich wirklich bin und was ich wirklich will, oder ich herausfinden möchte, wer meine Kollegen und Freunde wirklich sind, werde ich um Enttäuschungen nicht herumkommen. Denn genau sie sind es, die mir dabei helfen, das zu entdecken. Der Weg zu Selbsterkenntnis und Selbstbestimmung führt uns durch die Enttäuschung hindurch und nicht an ihr vorbei. Selbsterkenntnis und Selbstbestimmung sind jedoch nichts, was wir irgendwann erreichen. Vielmehr beschreiben beide ein Ideal, dem wir uns nur annähern können. Und je näher wir unserem Ideal kommen, je häufiger wir mit unserer eigenen Stimme sprechen und je bewusster wir uns unserer Identität werden, desto größer wird die Bereitschaft, sich auch führen zu lassen, sich auf das einzulassen, was mein Gegenüber in unsere Beziehung einbringt.

Sich führen zu lassen, bedeutet in diesem Kontext nicht, sich anzupassen. Es bedeutet, aus dem, was an uns herangetragen wird, das zu kristallisieren, was zu unserem Ideal passt oder zu dem, dem wir tatsächlich gerecht werden können. Wenn meine innere Stimme mir zu verstehen gibt, dass die an mich herangetragene Aufgabe mich überfordert oder ich mich mit ihr nicht wohlfühle, sie nicht zu mir passt, und ich das meinem Vorgesetzten nicht sage oder mir selbst nicht eingestehe, werde ich irgendwann in die Opferrolle rutschen und zu jammern beginnen. Dann falle ich zugunsten eines »äußeren Friedens« einem »inneren Krieg« zum Opfer. Und das Gefühl, sich immer wieder und überall als Opfer zu verstehen, gehört zu den verheerendsten Seuchen, die jede noch so gut funktionierende Gemeinschaft oder Gesellschaft irgendwann dahinrafft.

Auch im Hinblick auf den Druck, der unserer Arbeit die Freude raubt, kommen wir nicht an der Enttäuschung vorbei. Solange wir nicht in der Lage sind, uns und anderen unsere Überlastung oder Überforderung einzugestehen, wird es keinen Weg zurück in die Freude an der Arbeit geben. Solange wir Angst davor haben, uns selbst und andere Menschen zu enttäuschen, werden wir nie den Weg aus der Fremdbestimmung in die Selbstbestimmung finden.

Konkret erlebe ich das häufiger in Gesprächen oder Coachings mit in eine persönliche Krise geratenen Unternehmensnachfolgern. Was diese häufig in die Krise führt, ist das Gefühl, dass sie gar nicht das tun, was sie sich für ihr (berufliches) Leben vorgestellt haben. Die Träume, die sie als Kinder hatten, sind einer ernüchternden Feststellung gewichen. Sie könnten auf dem unternehmerischen Erfolg ihrer Eltern aufbauen, sich materiell alles leisten, doch zugleich haben sie das Gefühl, lieber etwas ganz anderes machen zu wollen. Sie wissen manchmal noch gar nicht, was das andere sein könnte, aber sie wissen, dass sie es in sich tragen. Sie fühlen sich fremdbestimmt, und das macht sie zutiefst unzufrieden. Nicht selten sind sie ausgebrannt oder sogar völlig am Boden zerstört. Sie spüren dann, dass sie nicht mehr für die Aufgaben brennen, die das elterliche Unternehmen mit sich bringt, und nicht selten ist das ein Wendepunkt in der Entwicklung des Unternehmens. Wenn die Inhaber, in diesen Fällen die Nachfolger, nicht mehr voller Leidenschaft für ihr Unternehmen einstehen, ist das weder für sie selbst noch für das Unternehmen und schon gar nicht für die Menschen im Unternehmen gut.

»Die erste Generation ist in Not, die zweite erarbeitet sich das Brot, die dritte bringt den Tod«, heißt es. Und ein Grund dafür, weshalb die dritte Generation den Tod bringt, ist nicht selten, dass diese dritte Generation nicht ihr, sondern das Leben der Eltern lebt. Immer wieder funktionieren Unternehmensnachfolgen nicht, weil die erwachsenen Kinder sich nicht getraut haben, ihren Eltern zu sagen, dass das, was ihre Vorfahren aufgebaut haben, nicht das ist, was sie sich für ihr Leben vorstellen. Sie haben es nicht übers Herz gebracht, ihre Eltern zu enttäuschen. Doch solange ich nicht bereit bin, jemanden zu enttäuschen, werde ich das Leben eines anderen, nicht aber mein eigenes leben.

Reue ist eine Gabe, Wut ein Geschenk// In der Enttäuschung, vor der nicht wenige Menschen Angst haben und die sie deshalb möglichst vermeiden, besteht also ein großes Geschenk. Das Geschenk, aus der Fremdbestimmung wieder in die Selbstbestimmung zu finden. Das gilt nicht nur für die Enttäuschung, sondern für sehr viele Verhaltensweisen, die Leid mit sich bringen, aber auch Emotionen, die Leid in sich tragen. Negative Emotionen sind sinnvoll, wenn wir sie nutzen. Dabei spielt es keine Rolle, ob es sich um Wut, Angst, Trauer, Druck oder Reue handelt. Sie sind ein Signal dafür, dass wir unserem persönlichen Maß nicht gerecht werden, über unsere Verhältnisse leben, aus trüben Quellen schöpfen, an unserem wahren Leben vorbeileben oder mit Meinungen, Menschen und Werten konfrontiert werden, die nicht den unseren entsprechen. Oder wir haben Gedanken- und Verhaltensmuster entwickelt, die unserem Wesen nicht gerecht werden.

Negative Emotionen sind wie eine Art Seismograf dafür, dass wir uns überfordern, uns vereinnahmen oder zu etwas hinreißen lassen, das nicht zu uns passt. Deshalb dürfen wir sie auch als Einladung verstehen, uns für einen Moment zurückzunehmen, um in uns hinein zu spüren. Durch diese Ruhe finden wir Antworten darauf, was uns diese spezifische Emotion sagen will. Die Wüstenväter haben sich bei negativen Emotionen drei Fragen gestellt: Wer bist du? Was willst du? Und woher kommst du? Wir sollen also bewusst mit ihnen umgehen, uns nicht von ihnen beherrschen lassen, sondern sie nutzen. Machen wir das, sind negative Emotionen Wegweiser zu dem, wer wir sind, worum es geht und was uns wirklich wichtig ist. Julius Kuhl, Professor für Psychologie, beschrieb auf seiner Homepage Wut in diesem Zusammenhang einmal als »Selbsterkenntnis mit der Brechstange«.

Negative Emotionen sind aber nicht nur ein Wegweiser, sondern ebenso Treibstoff. Was der Strom für ein E-Mobil ist, ist die Wut für die Energie, die wir brauchen, um etwas für uns Wichtiges zu erreichen. Wenn wir negative Emotionen neu konditionieren, wenn wir lernen, konstruktiv mit ihnen umzugehen, und sie als Signal betrachten, das den Beginn einer neuen Wachstumsphase einläutet, um voranzukommen, können wir sie leichter zulassen, annehmen und produktiver mit ihnen umgehen. Reue hilft uns wiederum dabei, in der Zukunft besser aufzupassen.

Wird uns bewusst, dass es keinen Alltag, weder beruflich noch privat, ohne Leid oder negative Emotionen gibt, sollten wir also erst gar nicht versuchen, vor ihnen wegzulaufen oder sie zu vermeiden. Zudem sollten wir Menschen ermutigen, durch die Angst hindurch zu gehen, sie befähigen, positiv mit negativen Emotionen umzugehen. Auch das ist eine Aufgabe neuer Führung. Möglich wird das jedoch nur, wenn Führende und Geführte sich aufeinander einlassen.

Wenn Menschen, sei es als Führungskraft oder als Mitarbeiter, bereit sind, durch die Angst zu gehen, sich zu überwinden, erschließt sich für sie eine neue Welt. Und was Menschen dabei hilft, durch die Angst zu gehen, sind starke innere Bilder. So konnte ich mich dadurch überwinden, als kleiner Junge von einem Fünfmeterturm zu springen.

Ein ganz anderes und mit Blick auf die Resonanz sehr starkes Bild konnte ich vor nicht allzu langer Zeit in Zusammenarbeit mit einer meiner Seminarteilnehmerinnen herausarbeiten. Danach erhielt ich im Mai 2023 folgende Nachricht:

Lieber Bodo,
ich bin sehr berührt und tief beseelt vom Seminar letzte Woche in Salzburg. Seit unserer ersten Begegnung im vergangenen Jahr hat sich meine innere Haltung nachhaltig verändert und somit mein Leben. Vieles eröffnet sich, und ich habe im Februar mein eigenes Unternehmen mit Fokus auf Business Coaching gegründet, um Menschen dabei zu begleiten, um sinnvoll zu wachsen. Dazu hat mein inneres Bild der Geburt ganz maßgeblich beigetragen. Tausend Dank dafür. Ich habe vor Kurzem einen Impuls gelesen, der lautete: Mut ist Angst mit dem nächsten Schritt. So ist es :)
Ich habe eine Anfrage von einem Kindergarten bekommen, um mit 30 Pädagogen zu arbeiten. Damit hatte ich nicht gerechnet, jedoch möchte ich diese Möglichkeit auf jeden Fall wahrnehmen. Thema soll Selbstfürsorge und Achtsamkeit sein.
Du hast in einem Gespräch erwähnt, dass Du mit Kindergärten arbeitest. Mich interessiert, wie arbeitest Du mit Pädagogen? Einen wunderbaren Tag.
Herzliche Grüße,
Anja

Als mich die Teilnehmerin schon während eines Seminars gut einen Monat vor ihrer Nachricht auf ihre Entwicklung ansprach, war ich tief berührt. Ein Jahr zuvor war Anja zum ersten Mal Teilnehmerin eines meiner Seminare. Mit leuchtenden Augen ließ sie sich mich damals daran teilhaben, wie sehr sie sich danach sehnte, sich als selbstständige Coachin für die Entwicklung von Menschen einsetzen zu wollen. Das, was sie davon abhielt, war die eigene Unsicherheit, aber auch die Angst davor, dass sie scheitern könnte.

Im Seminar kamen wir dann beim Thema Angst auf das Bild der Geburt eines Kindes zu sprechen. Der Benediktiner

David Steindl-Rast beschrieb in einem seiner genauso vielen wie wertvollen Interviews, dass das Wort »Angst« etymologisch mit dem Begriff »Enge« in Verbindung stehe. Als Urbild für diese Enge nutzte er die Enge des Geburtskanals, um zu zeigen, wie es sich im Umgang mit dieser Enge und Angst verhält: »Wenn es eng wird, bekomme ich Angst. Doch es führt kein Weg an der Angst vorbei, sondern nur durch sie hindurch. Denn wenn ich nicht bereit bin, durch die Angst hindurch zu gehen, bleibe ich in meiner Furcht stecken. Dann komme ich nicht weiter.«

Und so wie es sich mit der Angst verhält, verhält es sich bei der Geburt mit dem noch ungeborenen Kind. Für das Ungeborene führt kein Weg an der Enge vorbei, sondern nur durch sie hindurch. Wenn wir uns nun sträuben, durch die Enge zu gehen, bleiben wir stecken und werden nicht das erleben, was sich uns im Anschluss an diese Enge eröffnet. Anja meinte daraufhin, dass sie das an die Geburt ihrer ersten Tochter erinnern würde. Ich nahm den Faden auf und fragte sie, wie sie sich denn unmittelbar vor der Geburt ihrer Tochter gefühlt und ob sie gewusst hätte, was sie erwarten würde. Bevor sie etwas sagen konnte, gab mir ihre Körpersprache schon eine eindrückliche Antwort auf meine Frage: Sie richtete sich auf, sie nahm Haltung an, sie atmete durch und entwickelte einen Gesichtsausdruck tiefer Entschlossenheit.

Dann antwortete sie: »Bodo, vor der Geburt meiner ersten Tochter wusste ich überhaupt nicht, was mich erwartet. Ich hatte keine Ahnung davon, was da auf mich zukommen wird. Klar, ich habe viel gelesen, viel gehört, und ich habe mir Gedanken darüber gemacht, wie es sein wird, aber auch, was alles passieren könnte. Ich war unsicher. Ich hatte Angst, und zugleich war da diese unbändige Sehnsucht, meine Tochter endlich in den Arm nehmen zu können. Endlich eine Familie zu sein. Und dann war da wieder Unsicherheit darüber, ob alles gut gehen würde. Auch die Angst vor den Wehen, von denen ich nicht wusste, wie lange ich sie aushalten muss. Weiterhin hatte ich Angst davor, verletzt zu werden. Aber die Sehnsucht und die Hoffnung auf das Leben meiner Tochter waren so groß, dass ich dazu bereit war, alles zu ertragen. Ich habe mich auf das mir Unbekannte eingelassen. Und alles wurde gut.«

Nachdem sie das ausgesprochen hatte, wurde es still, aber ich sah, dass noch etwas in ihr arbeitete. Und nachdem einige Momente vergangen waren, fuhr sie mit der gleichen Entschlossenheit fort, mit der sie begonnen hatte: »Die Erinnerung an die Geburt meiner Tochter gibt mir gerade so unfassbar viel Kraft! Ich habe das Gefühl, wenn ich mich vor schwierigen Situationen oder Entscheidungen an die Zeit kurz vor der Geburt erinnere, dass dann alles möglich wird, mich nichts so leicht von dem abhalten wird, was mir wichtig ist.«

Da war diese werdende Mutter, die nicht genau wusste, was auf sie zukam. Aber in der Hoffnung darauf, dass ihr ein Kind geschenkt wird, war sie dazu bereit, ins Ungewisse zu gehen, Schmerzen zu ertragen und sich verletzen zu lassen. Es war dieses innere Bild von der Geburt ihrer Tochter, das Anja die Kraft dafür gab, sich am Ende für die Selbstständigkeit zu entscheiden. Sie wusste nicht, was sie bei diesem Schritt erwartet. Sie wusste, sie könnte Schiffbruch erleiden, oder es könnte etwas geschehen, was sie schlechterstellen würde als vor dieser Entscheidung. Doch zugleich hoffte sie, dass sie dadurch ein Leben leben kann, das mehr zu ihr passt als das, was sie bisher lebte. Als ich dann Anja nach einem Jahr wieder als Teilnehmerin in meinem Seminar begrüßen durfte, kam sie freudestrahlend auf mich zu. »Hey, Bodo, vielen Dank noch mal für die Erinnerung an die Geburt meiner Tochter. Das Bild hat in mir so viel Energie freigesetzt, der Schritt in die Selbstständigkeit gehört zu den besten Entscheidungen, die ich treffen konnte!«

Als Mann kann ich nicht ansatzweise nachempfinden, was Anjas Erinnerung an die Geburt ihrer Tochter alles ausgelöst hat, aber ich war von der Resonanz so beeindruckt, dass ich auch an anderer Stelle über dieses kraftvolle Bild spreche – und jedes Mal erfahre ich ein ähnlich starkes Feedback. So schrieb zum Beispiel die Initiatorin der VW-Community »Achtsamkeit & Resilienz«, nachdem ich das Bild der Geburt mit den Teilnehmenden des Online-Impulses geteilt hatte, Folgendes: »Es hat mich mehr als fünfzehn Jahre zurückversetzt in den Kreißsaal zur Geburt meines Sohnes. Ich war voller Vorfreude und gleichzeitig voller Angst. Würde ich das schaffen? Mutter sein? Ein Kind gebären? Wie ist es mir gelungen, mir dieses Unbekannte, Ungewisse zuzutrauen? Sich einlassen, etwas aushalten, mit Hoffnung und Zuversicht, dass schon alles gut wird, genau so war es. Dieses Bild kann mir in jeder schwierigen Situation als Ressource und Erinnerungshilfe dienen, wenn die Angst vor etwas Unbekanntem mich auszufüllen droht.«

Es geht um die Entwicklung der Fähigkeit, den Schmerz, die Verletzung, die Anstrengung, die Angst, das Leid, das Unbequeme in das Leben zu integrieren und nicht zu versuchen, vor alldem zu flüchten.

Vertrauen ist unverfügbar// Vertrauen steht der Angst gegenüber. Vertrauen verbindet genauso, wie es Freiräume schafft. Und angesichts neuer Herausforderungen müssen Menschen und Unternehmen schneller und flexibler agieren, doch über neue Organisationsstrukturen und Methoden ist das nur begrenzt zu erzielen. Vertrauen und die Bereitschaft möglichst vieler Beteiligter, selbst in die Verantwortung zu gehen, wirken dagegen wie ein Booster. Führungskräften, denen es gelingt, eine Atmosphäre des Vertrauens aufzubauen, werden allen anderen Organisationen zukünftig weit überlegen sein. Neue Führung bedeutet, Menschen ins Vertrauen zu begleiten, ins Vertrauen in sich, in die Kollegen, die Vorgesetzten, das Unternehmen und vielleicht sogar in das Leben.

Die Herausforderung bei dieser Aufgabe besteht nur darin, dass ich nicht darüber verfügen kann, ob mir als Führungskraft Menschen vertrauen. Natürlich kann ich mich vertrauenswürdig oder glaubwürdig verhalten, kann Menschen durch die Art meiner Reaktionen auch die Angst davor nehmen, Fehler zu machen und sich auf Neues einzulassen. Und selbstverständlich kann ich Rahmenbedingungen schaffen, die der Entwicklung von Vertrauen förderlich sind, etwa das Maß an Bürokratisierung reduzieren. Aber ob mir jemand wirklich vertraut, liegt nicht in meiner Macht.

Ich kann zwar das Vertrauen anderer in mich beeinflussen, aber nicht darüber entscheiden, ob es am Ende tatsächlich gelingt. Immer wieder höre ich Aussagen, dass es sehr wohl in meiner Macht stünde, dass mir jemand vertraut. Ich frage dann zurück: »Und was ist mit den Menschen, deren Vertrauen zeit ihres Lebens missbraucht wurde? Was sage ich denen? Vertrau mir?« Ich weiß nie, was einem Menschen vor der Begegnung mit mir widerfahren ist. Gleiches gilt für Verantwortung. Sicher, ich kann die Bereitschaft der Menschen, Verantwortung zu übernehmen, beeinflussen, aber wirklich darüber verfügen kann ich auch hier nicht. In vielen Gesprächen mit Entscheidern wird mir gesagt: »Wir haben unsere Strukturen und Prozesse darauf ausgerichtet, dass die Menschen mehr Verantwortung übernehmen können.« Auf meine Rückfrage, ob die Menschen die ihnen zugestandene Verantwortung auch wirklich übernehmen, bleibt es meistens still.

Bei uns im Unternehmen wurde ich unfreiwillig Zeuge einer Aussage, die ich beim Vorbeigehen an einer Kaffeeküche aufschnappte: »Was ich mache, ist mit eigentlich egal, Hauptsache, mir sagt jemand, was ich zu tun und zu lassen habe.« Ist das nun gut oder schlecht? Weder noch, es ist erst einmal so, wie es ist. Denn es gibt Menschen, die sich besser fühlen, wenn sie keine Verantwortung übernehmen. In diesen Fällen besteht die Führungsaufgabe nicht darin, diese Menschen zu bekehren oder zu belehren.

Häufig sind es ja zwei Faktoren, die der Bereitschaft, Verantwortung zu übernehmen, entgegenstehen: Angst und Gleichgültigkeit. Was wir dem entgegensetzen können, ist Vertrauen und Sinn. Das heißt: Wenn die Menschen für sich einen Sinn in dem erkennen, wofür sie sich gerade einsetzen, und sie überdies in sich und anderen Vertrauen gefunden haben, sind sie auch bereit, in die Verantwortung zu gehen. Ist das Vertrauen aber bislang nicht ausgeprägt, ist es wichtig, dass der Sinn größer sein sollte als die Angst. Und das ist im Grunde die »Formel«, die wir bei der Entwicklung von Vertrauen und Übernahme von Verantwortung entdeckt haben:

Verantwortung = Sinn > Angst.

Die Bereitschaft, in die Verantwortung zu gehen, entsteht, wenn der Sinn dessen, was ich tue, größer ist als die Angst. Zu erkennen ist das, wenn jemand geistesgegenwärtig etwa einen Ertrinkenden aus einer Notlage rettet. Die Voraussetzung dafür, dass Vertrauen entsteht, ist die Bereitschaft, ein Risiko einzugehen. Je besser es also einer Führungskraft gelingt, die ihr anvertrauten Mitarbeiter dazu zu ermutigen, kleine Risiken zu wagen oder etwas auszuprobieren, desto eher werden sie ins Vertrauen finden. »Wenn du weißt, wer hinter dir steht, ist es egal, was vor dir liegt«, sagte mir einst Matthias, Souschef in unserem Kühlungsborner Hotel. Und wenn genau dieses Gefühl bei den Mitarbeitern in Gegenwart ihrer Führungskraft entsteht, ist das eine Auszeichnung.

Und so gehört die Fähigkeit, Vertrauen zu fördern, zu den gegenwärtig wichtigsten Führungskompetenzen. Kontrolle ist gut, Vertrauen ist besser; zumindest in Hinblick auf die Anforderungen im Umgang mit Volatilität, Unsicherheit, Komplexität und Mehrdeutigkeit.

Transformationsturbo Vertrauen

Ein Maßstab erfolgreicher Führung ist die Transformations- und Wandlungsfähigkeit der von ihr geführten Gemeinschaft// Eine der entscheidenden Fähigkeiten, die Unternehmen, Teams oder Menschen in einer dynamischen, volatilen, unsicheren, komplexen und mehrdeutigen Welt zu entwickeln haben, ist die, sich auf die sich permanent verändernden Rahmenbedingungen gut einstellen zu können. Und so gehört die Wandlungs- oder auch Transformationsfähigkeit zu den Erfolgsfaktoren der neuen Führung. Doch mit Blick auf die zu entwickelnde Bereitschaft für eine Transformation braucht es, wie inzwischen vielleicht deutlich wurde, vor allem Vertrauen. Das Vertrauen, um etwas zu tun, bei dem ich jetzt noch nicht absehen kann, wie kostbar, wertvoll oder wichtig es für die Zukunft sein wird. Viele kennen die Situationen, in denen es darum geht, sich für neue Arbeitsweisen, Arbeitstechniken oder ganz neue Aufgaben zu entscheiden. Vielen sind in diesem Kontext auch Fragen geläufig wie: »Wofür soll das gut sein?« Oder Aussagen wie: »Das Bestehende funktioniert ja noch ganz gut«, »Das haben wir doch immer so gemacht«, »Never change a winning team« und so weiter. Diese Fragen oder Äußerungen können Ausdruck der Angst sein, sich neu einstellen zu müssen, an Bedeutung oder Wichtigkeit zu verlieren, die Komfortzone zu verlassen, sich wieder mehr anstrengen zu müssen, den sich so bequem eingerichteten Platz zu räumen.

Solche Aussagen zeigen zudem, dass die Menschen für die nächsten Schritte noch nicht bereit sind oder die Voraussetzungen für einen bevorstehenden Wandel bislang nicht ausreichend geschaffen wurden. Und solange die Menschen noch Angst haben, sie sich inhaltlich, sachlich oder emotional überfordert fühlen oder das Bisherige und Bestehende nicht gebührend gewürdigt wurde, sind die Voraussetzungen für einen erfolgreichen Wandel nicht gegeben. Häufig zeigt sich das in Form von Widerständen.

Jeder Entwicklung geht Vertrauen voran, und Vertrauen geschieht ausnahmslos erfahrungsbasiert. Ich kann jemandem mein Vertrauen schenken, erfahre aber erst eine vertrauensvolle Resonanz, wenn diese Person am eigenen Leib spürt, wie sich das ihr geschenkte Vertrauen anfühlt. Deshalb hat das Vertrauen bei uns im Unternehmen eine Präsenz entwickelt, die ich vor zehn Jahren so noch nicht für möglich gehalten hätte.

Arne, einer unserer Hoteldirektoren, beauftragte ich vor gut acht Jahren damit, das von ihm geführte Hotel operativ herunterzufahren und für einen Verkauf vorzubereiten. Er hatte die Führung des Hotels gerade erst übernommen und wurde sogleich von mir damit konfrontiert, seinen neuen Arbeitsplatz wegzurationalisieren. Jedoch ließ ich ihn in den mit der Schließung einhergehenden Vorbereitungsgesprächen wissen, dass ich ihn als Mensch so sehr schätze, dass ich mich freuen würde, wenn er uns auch nach dem Verkauf des Hotels als Upstalsboomer erhalten bleiben würde. Dabei hatte ich noch keine Ahnung, wie seine zukünftige Aufgabe bei uns im Unternehmen aussehen könnte.

Direkt nach der Veräußerung des Hotels hatte ich tatsächlich kein Tätigkeitsfeld, das ich ihm zuordnen konnte, aber Arne bot sich jederzeit überall dort an, wo es für ihn den Anschein hatte, seine Fähigkeiten, Kompetenzen und Eigenschaften erfolgreich einbringen zu können. Die Zeit ohne Hotel führte ihn durch das ganze Unternehmen, sodass er sich immer weiterentwickelte und letztendlich zu einem Allrounder wurde, der sich nicht nur in jeder »Ecke« des Unternehmens auskannte, sondern zudem ein Gespür dafür hatte, worauf es wann wo ankommt. Mittlerweile ist Arne Gründungsmitglied eines unserer Start-ups und trägt mit weiteren Kollegen zu unserer Zukunftsfähigkeit im Bereich Management bei.

Die Liste der Namen, die eine ähnliche Entwicklung bei uns im Unternehmen genommen haben, ist lang. Jeannette gehört zu denen, die sich nach der Insolvenz unseres Berliner Hotels ebenfalls als Gründungsmitglied eines weiteren Startups innerhalb unserer Unternehmensgemeinschaft wiedergefunden hat. Als Coachin, Systemaufstellerin und Kursleiterin hat sie für sich das gefunden, was sehr gut zu ihrem Leben passt. Auch sie führte ihr Vertrauen in mich und mein Vertrauen in sie auf einen Weg vom Beruf zur Berufung. Sie steht nicht nur bei uns, sondern in vielen Aufträgen außerhalb des Unternehmens als Upstalsboom Wegbegleiterin, als Begleiterin auf jenem Weg vom Beruf zur Berufung. Und so wie sich das für sie verhielt, verhält es sich für das gesamte Team der Upstalsboom Wegbegleiter. Jeder Einzelne im Team ist sehr weit entfernt von den Aufgaben, für die sie oder er einmal angetreten ist. Rico hat als Direktor nahezu ein Jahr lang ein geschlossenes und zum Verkauf stehendes Hotel verwaltet. Er kam sich manchmal vor wie in Stephen Kings Roman *Shining*. Umso mehr freute er sich, als er für die Entwicklung eines neuen Liquiditätssteuerungsprozesses angefragt wurde. Schon im Vorfeld war absehbar, dass er ein unfassbares Talent im Umgang mit Zahlen hatte. Rico konnte nunmehr seine Persönlichkeit voll einbringen.

Dadurch, dass es bei uns viele solcher Wege vom Beruf zur Berufung gab und gibt, hat sich im Unternehmen mit jedem weiteren Positivbeispiel eine Atmosphäre des Vertrauens entwickelt, die die Menschen auch für schwierige Transformationen öffnete. Die bisherigen Erfahrungen brachten ihnen ein Gefühl von Sicherheit, sich auch nach einem Wandel im Unternehmen wiederzufinden. Natürlich ist das kein Freifahrtschein, denn wenn jemand durch sein Verhalten die Gemeinschaft frustriert oder vielleicht sogar spaltet, wird diese Person die Ausgangstür unseres Unternehmens nehmen müssen.

Als Führungskraft bestand meine Aufgabe in der Vergangenheit also immer darin, Lösungen und Möglichkeiten für den Einsatz von Menschen zu finden, deren aktuelle Aufgabe aufgrund der Entwicklung des Unternehmens wegfiel.

Die kleine Schwester von Vertrauen ist Mut// Für die Entwicklung des für den Wandel erforderlichen Vertrauens gibt es viele Wege. Wir haben Mitarbeiter, die teilweise schon das dritte oder vierte Mal wieder zu uns zurückkommen. Sie haben das Vertrauen ins Team und damit für dessen Entwicklung einen großen Beitrag geleistet. Wie gesagt, ohne Risiko gibt es kein Vertrauen. Es braucht die Bereitschaft, ins Risiko zu gehen, um Vertrauen zu entwickeln, und diese »Rückkehrer« sind ein Risiko eingegangen und haben zum Beispiel einen anderen Job in einem anderen Unternehmen angenommen und anschließend die Erfahrung gemacht, dass sie zurückkommen können. Und kehrt jemand zurück, ist dies ein starkes Signal.

Jemand war in Nachbars Garten und hat entdeckt, dass die Kirschen dort genauso süß und rund sind wie bei uns. Es hat sich also nicht gelohnt. Derjenige hat etwas ausprobiert, aber das Erfahrene als nicht wirklich gut erlebt. Passiert das drei- oder viermal, macht das die Runde. Es ist eine von uns gewünschte vorübergehende Fluktuation, die die Entwicklung des Gesamtunternehmens stabilisiert. Denn mit jeder Wiederkehr kommen neue Impulse ins Unternehmen. Von einem aus Afrika stammenden Mönch hörte ich einmal folgende Aussage: »In der Fremde hast du tausend Augen.« Wenn Menschen in die Fremde, in andere Unternehmen gehen und wiederkehren, ist das immer sehr wertvoll. Denn mit jeder Wiederkehr entsteht ein stärkeres Vertrauen und die Bereitschaft, ins Risiko zu gehen, weil es in unserem Unternehmen gut läuft.

Ich erinnere mich an Johannes, Servicemitarbeiter in Kühlungsborn. Er gehörte zu den Mitarbeitern, die gerne etwas Neues ausprobieren. Und so dauerte es bei ihm gar nicht lange, bis er bei uns kündigte. Er hatte einen neuen Job gefunden. Was auch immer es war, offensichtlich passte er doch nicht in das damalige Lebenskonzept von Johannes. Schon bald meldete er sich wieder zurück. Anders als vielleicht in anderen Unternehmen durfte er nach einer Mitarbeiterbesprechung wieder in seinem ursprünglichen Team anfangen. Doch das Verlangen, erneut etwas auszuprobieren, ließ ihn abermals weiterziehen. Aber auch in diesem Fall schien das, was Johannes dort erfuhr, nicht das Geeignete für ihn zu sein. Er kehrte in sein Team zurück. Insgesamt tat er das vier Mal.

An ganz anderer Stelle durfte ich ebenfalls erleben, was aus einem Zusammenspiel zwischen Zutrauen und Mut entstehen kann. Oliver Haas hatte mich zu seinem Corporate-Happiness-Kongress als Vortragender eingeladen. Bei meinem Vortrag sollte es darum gehen, von der Entwicklung in unserer Hotel-Gruppe zu berichten und vom persönlichen Wachstum unserer Mitarbeiter. Als Gäste waren auch alle unsere Corporate-Happiness-Beauftragten eingeladen, die neben ihrer originären Aufgabe im Unternehmen versuchen, die Erkenntnisse aus der positiven Psychologie im Alltag für ihre Kollegen erlebbar zu machen.

Am Vorabend des Vortrags rief ich Oliver an und musste ihm absagen. Ich konnte aus gesundheitlichen Gründen nicht nach München kommen. Gleichzeitig sprach ich mit unseren Corporate-Happiness-Beauftragten und sagte ihnen: »Ihr könnt mich sehr gerne vertreten und an meiner Stelle den Vortrag halten. Ich habe völliges Vertrauen in euch. Ihr müsst nicht, aber ich weiß, dass ihr das könnt. Überlegt euch, ob ihr das wollt.« Sie wollten.

Oliver berichtete mir später, dass die Botschafter sehr angespornt waren, eine Rede vor vielen Zuhörern zu halten, war eine große Entwicklungschance. Auf der anderen Seite hatten sie aber auch große Furcht vor der Überforderung. Sie hatten sich abends bei einer Flasche Wein zusammengesetzt und gemeinschaftlich den Beschluss gefasst, es zu versuchen. Aber nicht in der Art, wie ich es machen würde, sondern wie sie es wollten. Sie überlegten sich Geschichten aus dem beruflichen und persönlichen Alltag, wie sie sich in der Ausbildung entwickelt hätten und wie sie spürbar für die Kollegen und das Hotel seien. Sie seien richtig nervös gewesen, so Oliver, als sie den Vortrag begannen. Natürlich habe man ihnen angemerkt, dass sie keine geschulten Speaker seien. Doch schnell hatten sie die Herzen des Publikums erobert. Am Ende haben sie Standing Ovations bekommen, kein anderer Vortragender habe das geschafft. Jeder von den Botschaftern feierte sich danach selber, aber noch mehr feierten sie sich als Gruppe. Sie hatten es für sich ermöglicht, dass aus einer Überforderung für den Einzelnen in der Gemeinschaft ein wirklich großer Entwicklungsschritt wurde.

In einer anderen Situation ging es um eine Auszubildende, die unbedingt einmal in einem Beerdigungsinstitut arbeiten wollte. Sie war sich unsicher mit ihrer Hotel-Ausbildung, an ihr nagte der Zweifel. Wir gaben ihr die Möglichkeit, die Arbeit in einem Beerdigungsinstitut auszuprobieren. Nach zwei Monaten war sie »geheilt« von der Vorstellung, etwas verpasst zu haben. Sie kam zurück und meinte, sie würde jetzt mit einem besseren Gefühl ihre Ausbildung fortsetzen.

Jedes mutige Verhalten oder das aus diesem mutigen Verhalten heraus entstandene Selbstvertrauen wurde für andere Mitarbeiter zum Vorbild, etwas auszuprobieren. Und die Bereitschaft, einiges auszuprobieren, ist etwas, was sich nicht nur auf die Entwicklung eines einzelnen Menschen auswirkt, sondern sie verleiht der Experimentierfreudigkeit eines ganzen Teams Flügel. Denn jede erneute Erfahrung, in der das Ausprobieren positiv belegt wird, führt zu einem stärkeren

Vertrauen. In sich selbst genauso wie in das Team. In diesem sah beispielsweise Johannes so etwas wie eine Familie, aus der er immer mal wieder heraustreten darf, um für sich und für sein Leben das zu entdecken, was für ihn passt. Nicht anders war es bei all den anderen.

Selbst-Vertrauen entsteht in dem Moment, wo ich mich ausprobieren kann, um mir meiner Fähigkeiten, Eigenschaften und meiner Sehnsüchte bewusster zu werden. Selbst-Vertrauen entsteht in dem Moment, in dem ich mich mit meinem Selbst vertraut gemacht habe. Und mit seinem Selbst vertraut zu sein, ist eine der Voraussetzungen, sich ein bisschen besser kennenzulernen. Manchmal müssen wir etwas komplett Neues ausprobieren, damit wir neue Seiten an uns erfahren. Wenn dieses Ausprobieren ohne Angst erfolgen kann, weil ich, wenn es schiefgeht, wieder zurück in mein altes Team kommen kann, entsteht mit dem Ausprobieren ebenjenes Selbst-Vertrauen, das auch das Vertrauen in andere Menschen einschließt.

Noch etwas Drittes stärkte in unserem Unternehmen die Atmosphäre des Vertrauens. Das hing mit der Art und Weise zusammen, wie wir für das zuletzt von uns eröffnete Hotel auf der Nordseeinsel Föhr das Führungsteam bildeten. Drei Bewerber auf die Position des Direktors hatte ich darum gebeten, während einer dreiwöchigen Reise durch unser Unternehmen nicht nur herauszufinden, wie bei uns gearbeitet wird, sondern die gemeinsame Zeit zudem dafür zu nutzen, unter den dreien denjenigen zu ermitteln, der die formale Verantwortung für die Direktion des Hotels übernehmen sollte.

Am Ende entschieden sich Hauke, Patrick und Christian dafür, dass Hauke, der sich ursprünglich als Rezeptionsmitarbeiter beworben hatte, die formale Verantwortung für die Direktion des Hotels auf Föhr übernehmen sollte. Patrick und Christian wurden zu Stellvertretern mit den zu ihrer Persönlichkeit passenden Schwerpunkten.

Bei der Rekrutierung weiterer Mitarbeiter für das Hotel ging das Trio genauso vor, wie sie es vorher durch mich erfahren hatten. Sie mieteten ein Haus auf der Insel, luden die potenziellen Bewerber ein, gemeinsam mit ihnen ein, zwei Tage zu verbringen. Es ging es darum, herauszufinden, wer gut zu ihnen passte. Von Beginn an bekamen Hauke, Patrick und Christian von mir das Vertrauen, alle für die Eröffnung des Hotels erforderlichen Entscheidungen zu treffen. Ich persönlich beschloss nichts mehr. Die drei und das um sie herum wachsende Team hatten mein vollstes Vertrauen, dass sie die Gestaltung und Einführung dieses auch für uns beeindruckenden 100-Millionen-Projekts eigenständig umsetzten. Das Ergebnis war ein Klima des Vertrauens innerhalb des gesamten Hotels. Gestärkt wurde dieses durch Haukes Arbeitsweise, der es sich zum Ritual machte, an den meisten Abenden mit der 17:40-Uhr-Fähre die Insel zu verlassen, um am nächsten Morgen wieder im Hotel zu sein. Für das Team war Haukes nächtliche Unverfügbarkeit Ausdruck seines maximalen Vertrauens ins Team. Dadurch entstand in diesem die Bereitschaft, in schwierigen Situationen in die Verantwortung zu gehen. Ganz einfach, weil sie es mussten.

Heute ist eine Atmosphäre in diesem Hotel zu spüren, die sich durch eine unvorstellbar starke Vertrautheit im Umgang miteinander entfaltet hat. Selbst große und starke Konflikte, die das Führungstrio untereinander auszufechten hatte, führten nie zu einem Zweifel daran, dass die drei zusammengehörten. Diese Verbundenheit entwickelte sich, weil für sie die Menschen wichtiger waren als ihre Meinungen, Vorstellungen oder Ideen. Und so hart sie auch in der Sache miteinander diskutierten, wurde nie die Beziehung zwischen ihnen infrage gestellt. Und das ist eine der ganz großen Herausforderungen in vielen Teams, dass bei Meinungsverschiedenheiten gleich die Beziehung auf den Prüfstand gestellt wird, im Sinne von: Du bist nicht meiner Ansicht, also gehörst du nicht mehr dazu. Du musst gehen.

Damit Vertrauen entsteht, darf die Beziehung grundsätzlich nicht angezweifelt werden. Und zwar unabhängig davon, ob ich anderer Meinung bin oder vielleicht nicht mehr der Aufgabe nachgehen kann, der ich bisher nachgegangen bin.

Und was das Kommen und Gehen von Mitarbeitern betraf, durften wir im Föhrer Führungsteam eine Erfahrung machen, die für uns vollkommen neu war. Drei Jahre nach Eröffnung des Hotels entschied sich Hauke dafür, noch einmal ganz von vorne anzufangen und eine Ausbildung im sozialen Bereich zu beginnen und parallel ein Inklusionshotel auf dem Festland zu eröffnen. Jedoch stellte sich nach etwa einem Jahr heraus, ähnlich wie bei Johannes, dass der von ihm neu eingeschlagene Pfad nicht der war, der zu ihm passte. Da mittlerweile Patrick, Haukes bisheriger Stellvertreter, die formale Führung des Hotels übernommen hatte, musste überlegt werden, wie der Weg zurück ins Hotel für Hauke aussehen konnte. Gemeinsam wurde er gefunden. In einem ersten Schritt einigte man sich, dass sich Hauke als Hotelcoach um die persönlichen und beruflichen Belange der Mitarbeiter kümmern sollte. Nachdem dieser Schritt erfolgreich gegangen war, hatten Hauke und Patrick die Idee, dass Hauke nun die Funktion als Patricks Stellvertreter übernehmen könnte. Dass Karriere auch bedeuten kann, sich vom Direktor zum stellvertretenden Direktor zu entwickeln, war mir bis dahin neu.

Selbst wenn es erforderlich wurde, dass doch Menschen das Unternehmen verlassen mussten – in der Pandemie musste ein Hotel geschlossen werden –, durften wir dieses Vertrauen erleben. Schon sehr früh informierten wir das Team über die sich abzeichnende Entwicklung, gemeinsam sprachen wir über die Möglichkeiten, die uns diese schwierigen Umstände übrig ließen. Allen war klar, dass kein Weg an der Schließung des Hotels vorbeiführte. Dadurch waren die Mitarbeiter in der Lage, das Hotel zuzumachen, in dem Bewusstsein, dass sie während der Zeit bei Upstalsboom für sich alles mit auf den Weg bekommen haben, um mit dieser Situation umzugehen.

Anhand vieler Beispiele durfte ich erfahren, wie zum Teil unerwartet Vertrauen entstehen kann und was auf Grundlage eines gegenseitigen Vertrauens an Entwicklung, Wandlung und Transformation möglich wird. Letztendlich war das entgegengebrachte und nicht enttäuschte Vertrauen nur eines Mitarbeiters die Initialzündung dafür, dass das Vertrauen im gesamten Unternehmen wachsen durfte. Ich erinnere mich noch sehr gut an die Bahnfahrt mit Arne, bei der ich mich mit ihm über die Verhältnisse seines Hotels unterhielt und er darauf vertraute, dass mein Wort zählt. Im Nachhinein erinnert mich das ein bisschen an ein Zitat des schwäbischen Industriellen Robert Bosch: »Lieber Geld verlieren als Vertrauen.«

Das rechte Maß finden

Widerstände auflösen// Im Zusammenhang mit unserem Unternehmenswandel ist eine der mir am häufigsten gestellten Fragen, wie ich mit Widerständen umgehe. Ich antworte dann: »Widerstände sind ein Zeichen von Lebendigkeit. Sie sind genauso unangenehm wie wichtig. Denn ohne Widerstände gibt es keine Entwicklung.«

Widerstände wirken wie ein Vergrößerungsglas, sie weisen auf das hin, was noch nicht stimmig ist, in uns, in einer Gemeinschaft oder in einem Unternehmen. Widerstände sind daher besonders wertvoll, wenn es darum geht, sich selbst, das Team oder ein Unternehmen weiterzuentwickeln. Widerstände sind Mittel zum Zweck für die Weiterentwicklung. Aber nur dann, wenn wir sie nutzen und überwinden, aber nicht versuchen, sie zu beseitigen.

Das Überwinden gelingt, indem wir uns mit den Widerständen befassen und zu klären versuchen, worin sie begründet sind. Im Anschluss daran ist es notwendig, gut mit den Ursachen, die zu den Störungen geführt haben, umzugehen. Ein bisschen ist das wie beim Sport. Ohne Gewichte oder Distanzen entwickeln sich unser Körper und unsere Muskeln nicht weiter. Wir brauchen Widerstände, um an ihnen zu wachsen. Hier passt auch das Bild des Ringkämpfers. Der Ringkämpfer nutzt die Widerstände seines Gegenübers und lenkt sie in gute Bahnen. Neben der schon beschriebenen Angst sind Widerstände häufig ein Ausdruck einer Überforderung, manchmal auch einfach nur einer Andersartigkeit. Es gibt Menschen, die sich gegenüber allem Neuen schwertun oder sich demgegenüber sogar komplett verschließen. Sie leben in ihrer eigenen Welt und wollen sie partout nicht verlassen. Zu einem bevorstehenden Wandel sagen sie: »Darauf habe ich kein Bock.« Oder: »Das geht mich nichts an.« Die Frage ist: Wie begegne ich diesen Menschen?

Solche Widerstände löse ich nicht erfolgreich auf, indem ich sie bekämpfe. Eher das Gegenteil ist der Fall. Auflösen kann ich sie nur, indem ich mich auf sie einlasse und versuche, sie zu verstehen. Und das ist ebenfalls Teil der Führungskunst: Wie unterstütze ich Menschen, ohne sie zu belehren? Was kann der Grund sein, dass sie eine Veränderung nicht möchten? Das kann in der Lebensgeschichte verankert sein, in der eine Veränderung zu großen Schmerzen oder Traumatisierungen geführt hat.

Die Art und Weise, wie mir ein Mensch begegnet, wie er spricht, sich bewegt oder wie er entscheidet, ist nur Ausdruck für das, was er in seinem bisherigen Leben erlebt hat. Ich hatte vor Kurzem eine Teilnehmerin, die sagte, sie sei katholisch, weil sie in Münster geboren wurde. Das war eine so starke Aussage, die es eins zu eins auf den Punkt gebracht hatte. Sie meinte, wenn sie in Indien geboren worden wäre, wäre sie hinduistisch. Das meine ich damit. In unserem Leben drücken wir ein Stück weit das aus, was wir erlebt haben, wo wir hineingeboren wurden, wem wir begegnet sind. Das ist erst mal nicht gut oder schlecht, sondern das nehme ich erst einmal so an. Das versuche ich zu verstehen, denn in dem Moment, in dem ich lerne, das zu verstehen, habe ich die Möglichkeit, jemanden zu unterstützen. Dazu brauche ich Geduld, eine weitere ganz wichtige Führungseigenschaft für die Zukunft. Denn eine der schwierigsten Aufgaben einer Führungskraft besteht darin, Dinge auszuhalten. Das geht mir zumindest so. Das Andersartige, das Vielfältige auszuhalten. Zu akzeptieren, dass es noch andere Meinungen und Vorstellungen gibt als meine.

Vor unserem Kulturwandel im Unternehmen trennte mich das von meinen Mitarbeitern, denn um alles in der Welt wollte ich meine Vision durchsetzen und mich nicht auf etwas oder jemanden einlassen. Doch das Einlassen ist etwas, worum es in Zukunft gehen wird. Nach und nach ist mir bewusst geworden, dass diese Andersartigkeiten und Widerstände sein dürfen. Sehr häufig habe ich die Erfahrung gemacht, wenn nur einige Zeit ins Land geht und das Umfeld anfängt, sich langsam zu wandeln, springen die Letzten auch noch auf den Zug. Aber es braucht manchmal sieben, acht Jahre, bis sie bereit sind und Vertrauen gefasst haben. Sie haben andere erst einmal ausprobieren lassen und das beobachtet. Menschen, die verschlossen scheinen, nehmen durchaus Dinge wahr.

Das rechte Maß zu finden bedeutet, einer Aufgabe nachzugehen, die mich wirklich fordert, herausfordert, aber eben nicht über- oder unterfordert. Das neue Führen beinhaltet somit ebenfalls die Kunst, das rechte Maß zu finden. Für sich genauso wie für andere.

Jeder Mensch hat sein eigenes Maß. Und das wurde bislang in Institutionen und Organisationsformen nur wenig oder gar nicht berücksichtigt. In ihnen ging es um Norm, Anpassung, Standards und Konformität. Doch wenn ich alle über einen Kamm schere, für alle den gleichen Maßstab anlege, werden die wenigsten der Beteiligten in den Flow kommen und Arbeit eher als Mühsal empfinden. Flow entsteht, wenn wir Aufgaben erledigen, die unserem persönlichen Maß gerecht werden. Sprich, die uns fordern, aber eben nicht über- oder unterfordern.

Anders verhält es sich mit Widerstand, dessen Quelle in einer Überforderung liegt. Wer Sport macht, weiß, dass unsere Muskeln beim Überwinden der auf ihr Leistungsniveau abgestimmten Widerstände immer ein bisschen verletzt werden. Denn ganz ohne Verletzung würden Muskeln nicht wachsen. Also wird der Widerstand derart gewählt, dass es durchaus anstrengend wird – wir merken das am Muskelkater –, aber nur so, dass die Muskeln nach einer ein- bis zweitägigen Pause wieder repariert sind. Und zwar in einer Weise, dass sie die Widerstände, denen sie ausgesetzt waren, nun leichter überwinden können. In dem Moment, in dem das, was uns vorher schwerfiel zu überwinden, plötzlich leichter geht, passen wir etwa beim Laufen die Strecke und die Geschwindigkeit dergestalt an, dass wir einen weiteren Entwicklungsschritt machen. Sind die von uns gewählten Schritte zu groß, fallen wir hin, sind sie zu klein, fangen wir an, uns zu langweilen.

Im Sport wird dieser Effekt SAID-Prinzip genannt. SAID ist ein Akronym aus dem Englischen und steht für »Specific Adaptation to Imposed Demand«, für »Spezifische Anpassung an auferlegte Anforderungen«. Das Prinzip ist bekannt aus dem Kraft- und Rehabilitationstraining, lässt sich aber auf alle Lebensbereiche anwenden. Die jedoch wichtigste Phase bei diesem Prinzip ist die Pause. Ohne Pause gibt es kein Wachstum. Und das gilt ebenfalls grundsätzlich. Denn nicht nur bei einer körperlichen Betätigung, sondern ebenso im Alltag, wenn wir uns anstrengen und versuchen, Aufgaben zu lösen, wenn wir Konflikte mit Kollegen, Vorgesetzten oder Partnern austragen, machen wir stets neue Erfahrungen. Vielleicht ist auch manchmal die eine oder andere Auseinandersetzung zu hart, sodass wir verletzt werden. Und dann braucht nicht nur unser Körper, sondern genauso unser Geist eine Pause. Ruhe zum Reflektieren, um das Erfahrene zu verarbeiten und die gewonnene Erkenntnis in Zukunft mit einzubringen.

Die Mutter aller Tugenden// Die Benediktiner beschreiben das rechte Maß als die Mutter aller Tugenden. Und so besteht die Herausforderung darin, in allem, was wir tun, das rechte Maß zu entdecken. Denn jeder Mensch und jedes Team befinden sich in einem unterschiedlichen »Trainingszustand«, haben unterschiedliche Talente, Fähigkeiten, Eigenschaften oder sind unterschiedlich belastbar. Was für den einen passt, muss für den anderen noch lange nicht passen. Deutlich mache ich das in meinen Workshop-Einheiten, indem ich in der Runde der Teilnehmenden unterschiedlich große Gläser verteile. Vom Schnapsglas mit einem Fassungsvermögen von 2 cl, über ein Averna-Glas (4 cl), ein Saftglas (0,1 l), ein Bierglas (0,3 l) bis hin zu einem Glas für ein Hefeweizen (0,5 l); manchmal habe ich sogar eine Karaffe (1 l) dabei. Anschließend beginne ich damit, das Glas jedes Einzelnen mit Wasser zu füllen. Manche Teilnehmer erschrecken sich, weil ich ihnen so viel einschenke, dass es überläuft.

»Was ist da gerade passiert?«, frage ich dann in die Runde.

»Es gibt Gläser, die sind übergelaufen, Gläser, die nur halb voll sind, und Gläser, in denen es genau passt«, so lautet die meist einhellige Antwort.

»Und was könnte das bedeuten?«

»Für das eine Glas war es einfach zu viel, während es für das andere passte oder zu wenig war.«

»Und wofür stehen diese unterschiedlich großen Gläser?«

»Dass jeder vielleicht ein unterschiedliches Maß hat? Die Menge, die für den einen passt, ist für einen anderen zu viel oder zu wenig.«

»Genau. Und was könnte es mit dem Glas auf sich haben, das übergelaufen ist?«

»Da war das Maß mehr als voll! Wenn man so will, haben die letzten Tropfen das Fass zum Überlaufen gebracht.«

»Und als was können wir das Wasser beschreiben, das sich unter dem überfüllten Glas als kleine Pfütze abzeichnet?«

»Verschwendung?« Alle lachen.

»Ja, Verschwendung. Wenn das Maß voll ist und wir trotzdem weitermachen, ist das Verschwendung. Am Beispiel des Workshops können wir den Input anführen, den ihr hier von uns bekommt. Während der eine noch etwas aufnehmen kann, ist die andere mit dem, was sie aufgenommen hat, komplett dicht. Alles, was dann noch erfolgt, gelangt nicht mehr ins Gehirn. Aber was könnte der Teilnehmer mit dem übergelaufenen Glas machen?«

»Etwas von dem Wasser trinken?«

»Stimmt. Und er kann sich alles noch einmal durch den Kopf gehen lassen, alles Bisherige reflektieren. In diesem Fall macht er eine Pause und schafft damit wieder Raum für Neues.« Und mit einem Augenzwinkern füge ich hinzu: »Nicht zuletzt kennen wir das von früheren Partys. Während der eine schon nach einem Glas Wein betrunken war, konnte der andere eine ganze Flasche Whisky vertragen. Aber auch hier galt für beide: Wenn es zu viel war, war es zu viel, dann musste jeder auf die Toilette und sich alles durch den Kopf gehen lassen.«

An diesem Beispiel wird deutlich, dass ein normiertes Vorgehen, eine Gleichbehandlung den wenigsten in einem Team gerecht wird. Es braucht letztlich nur den einen, bei dem das Fass immer wieder zum Überlaufen gebracht wird, damit Widerstand entsteht. Die Kunst der neuen Führung besteht nun darin, darauf zu achten, dass alle das für sie passende, das ihnen gerecht werdende Maß an Aufgaben erhalten. Aufgrund der Bedeutsamkeit des rechten Maßes für die Entwicklung einer Gemeinschaft gibt es in der *Regel des heiligen Benedikt* gleich mehrere Kapitel, in denen dieser Wert angesprochen wird. Eines davon ist das Kapitel über die Einsetzung des Abts (RB 64, 16–19):

Er sei nicht stürmisch und nicht ängstlich, nicht maßlos und nicht engstirnig, nicht eifersüchtig und allzu argwöhnisch, sonst kommt er nie zur Ruhe.

In seinen Befehlen sei er vorausschauend und besonnen. Bei geistlichen wie bei weltlichen Aufträgen unterscheide er genau und halte Maß.

Er denke an die maßvolle Unterscheidung des heiligen Jakob, der sprach: »Wenn ich meine Herden unter-

wegs überanstrenge, werden alle an einem Tag zugrunde gehen.«

Diese und andere Zeugnisse maßvoller Unterscheidung, der Mutter aller Tugenden, beherzige er. So halte er in allem Maß, damit die Starken finden, wonach sie verlangen, und die Schwachen nicht davonlaufen.

Und auch Mihály Csíkszentmihályi, der schon erwähnte Begründer der Flow-Theorie, unterstreicht diese Gedanken, denn um in den Flow zu kommen, bedarf es des rechten Maßes. Als Flow beschrieb der Psychologieprofessor einen Zustand des Glücklichseins, der in dem Moment entsteht, in dem ein Mensch in völliger Vertiefung in seiner Tätigkeit aufgeht und er, wenn man so will, alles um sich herum vergisst. Flow entsteht in dem Bereich zwischen Überforderung und Unterforderung, und der ist jeweils sehr individuell. »Genug ist besser als zu viel« ist in diesem Zusammenhang zu einem meiner Grundsätze neuer Führung geworden. Und das gilt auch für mich persönlich.

Die Kunst, das rechte Maß zu finden, gehört für mich, neben dem Schaffen einer vertrauensvollen Atmosphäre, zu den Königsdisziplinen neuer Führung. Insbesondere im Rahmen eines Transformationsprozesses, der sich in Zeiten des Umbruchs, der Unsicherheit und Unvorhersehbarkeit zu einer Daueraufgabe entwickelt hat.

Das rechte Maß ist nicht nur für den Einzelnen von größter Bedeutung, sondern ebenso für die Verbundenheit in einer Gemeinschaft. Gestalte ich den Aufgaben- und Arbeitsbereich eines Teams derart, dass der Großteil davon unterfordert ist, werden die Einzelnen bequem, und das Team zerbricht. Wie so etwas konkret aussieht, durfte ich zum Glück nur vorübergehend in einzelnen Teams innerhalb unseres Unternehmens beobachten. In all diesen Fällen war die Unterforderung und die damit einhergehende Spaltung der

Gemeinschaft das Ende eines Entwicklungsprozesses, der mit einer Überforderung begann.

Es gibt Teams, die brauchen, aus welchen Gründen auch immer, eine eher straffe Führung und viel Klarheit, die benötigen jemanden, der ihnen sagt, was sie zu tun oder zu lassen haben. Wenn ich ein solches Team nun dazu auffordere, sich selbst zu führen, sind seine Mitglieder mit dieser Situation vollkommen überfordert. Die Überforderung führt zu einem Vakuum, das durch Führungslosigkeit entstanden ist, aufgefüllt wird es, so unsere Erfahrung, mit einem ordentlichen Maß an Bequemlichkeit. Die Teammitglieder machen immer weniger, der Anteil der Aufgaben, für die sie zuständig sind oder Verantwortung übernehmen wollen, wird kleiner. Irgendwann versuchen alle mit so wenig Aufwand wie möglich das gerade noch Erforderliche zu tun. Und auch von Gemeinschaft kann dann nicht mehr die Rede sein, denn in solchen Gruppen ist sich jeder selbst am nächsten.

Die Ursache für diesen Schlamassel liegt nicht im Team. Es ist der berühmte Fisch, der am Kopf zu stinken beginnt. Die Ursache war ich selbst. Wenn ich einen Menschen oder ein Team überschätze, anders einschätze oder so anspreche, dass dies zu keiner Resonanz führt, muss ich damit rechnen, dass ein Vakuum entsteht. Und ein Vakuum wird immer gefüllt. Doch solange ich nicht eingreife, habe ich keinen Einfluss darauf, womit sich dieses Vakuum füllt: mit Gleichgültigkeit und Bequemlichkeit oder Begeisterung und Energie. Beides ist möglich.

Das passende Maß// Es kommt also auf das rechte Maß an. Es ist das Maß, das nicht nur meiner Persönlichkeit, meinen Eigenschaften und Fähigkeiten gerecht wird, sondern es entspricht auch meiner aktuellen Situation, Kondition oder Konstitution. Das rechte Maß ist etwas sehr Individuelles. Ein passendes Maß zwischen einer bequemen und einer guten Arbeit ist dann gefunden, wenn uns die Arbeit Freude bereitet, vielleicht sogar trotz großer Anstrengungen. Wie viele Menschen erlebe ich, die wieder Freude empfinden wollen, wenn sie sich auf den Weg zur Arbeit machen.

Vor nicht allzu langer Zeit erkundigte ich mich bei einem unserer Direktoren nach der Bewerbersituation.

»Marc, wie sieht es denn derzeit mit den Bewerbungen für dein Haus aus, und was hörst du von den Bewerbern?«, fragte ich.

»Wir bekommen mehr Bewerbungen, als wir derzeit brauchen können. Und was ich von den Bewerbern höre, ist, dass es ihnen sehr wichtig ist, wieder Freude an der Arbeit zu haben. Dass die Freude etwas ist, was bei vielen total verloren gegangen ist. An ihren früheren Arbeitsstätten war es nur noch darum gegangen, mit etwas so schnell wie möglich fertig zu werden. Für sie wurde es unerträglich, sich ständig dafür entschuldigen zu müssen, eine Aufgabe schlecht ausgeführt oder gar nicht beendet zu haben, nur weil ihnen die Zeit dafür fehlte oder sie nicht mehr konnten. Der Druck wurde so groß, dass sie kündigten. Und nicht wenige Bewerber erkundigen sich nach einer Vier-Tage-Woche. Sie meinten, sie bräuchten eine längere Pause.«

Mir half dieses Gespräch, noch besser zu verstehen, dass gar nicht die Anstrengung, sondern die Überanstrengung zu den Faktoren gehört, die den Menschen die Freude an der Arbeit nehmen können. Und das formulierte Bedürfnis nach einer Vier-Tage-Woche erschien mir wie ein Symptom dafür, dass etwas an anderer Stelle nicht stimmig war, nicht zu dem passte, was die jeweilige Person zu leisten imstande war. Dieser Eindruck wurde durch die Erfahrungen verstärkt, die wir mit der testweisen Einführung einer Vier-Tage Woche in einem unserer Hotels machten. Je nach Art der Arbeit, der persönlichen Situation und Konstitution waren einige von der Idee, an nur vier Tagen in der Woche tätig zu sein, begeistert, während andere gar nichts davon hielten.

Mir hatte das vor allem gezeigt, dass der Test einer Vier-Tage-Woche nicht mit richtig oder falsch, gut oder schlecht zu bewerten war, er glich dem Versuch, den Wind mit den Händen einzufangen. Das Bedürfnis nach einer Vier-Tage-Woche ist nur ein Symptom für die persönliche Situation und Konstitution eines Menschen. Ich kenne das von mir selbst, es gibt Zeiten, in denen ich mich nach einer Vier-Tage-Woche sehne, aber auch andere, in denen ich mir wünsche, die Woche hätte sogar zehn Tage.

Das Bedürfnis nach einer kurzen (Arbeits-)Woche und langen Pausen entsteht bei mir immer dann, wenn ich das Gefühl habe, zu sehr unter Druck zu stehen, wenn alles um mich herum zu viel wird. Oder wenn ich nicht mehr den Sinn in dem erkenne, womit ich mich im Unternehmenskontext gerade beschäftige. Ist das der Fall, sehne ich mich nach mehr Freizeit, um endlich wieder etwas zu tun, was mir sinnvoll erscheint. Die Folge dieser zum Glück immer nur temporären Überanstrengung und Sinnleere bringt meistens ein Denken mit sich, das die Trennung von Work und Life sichtbar macht. Dieses Gefühl, Arbeit und Leben voneinander trennen zu müssen, lässt die Spirale meiner Unzufriedenheit noch größer werden. Von daher ist es durchaus sinnvoll, sich Gedanken darüber zu machen, welche mich persönlich erfüllende Arbeit mein Bedürfnis nach einer Trennung zwischen Arbeitszeit und Freizeit beeinflusst.

Für mich ist es so, dass in dem Moment, wo ich mich mit etwas beschäftige, was mir sinnvoll erscheint, was mich erfüllt und ich damit auch noch Geld verdienen darf, das Bedürfnis, mich mit anderen Dingen beschäftigen zu wollen, deutlich abnimmt. Wenn ich einer Arbeit nachgehe, die zu meiner Persönlichkeit, meinen Werten, Fähigkeiten, Eigenschaften und meiner Lebenssituation passt, wird aus einer

Work-Life-Balance ein Work-Life-Blending und zwar dergestalt, dass ich einer Arbeit nachgehe, die mein Leben erfüllt.

Stärken statt sich starkmachen// Wie sich die Atmosphäre in einem Team entwickelt, hängt ausnahmslos von der Führung ab. Wenn ich ein Team erlebe, das große Widerstände leistet, in dem das Jammern zur Tagesordnung gehört, das nach immer mehr verlangt oder in dem sich Rädelsführer bilden, die glauben, die Interessen der Gemeinschaft gegenüber anderen vertreten zu müssen, ist das nicht nur der Beginn einer um sich greifenden Korrosion, sondern ein Symptom einer diesen Menschen oder diesem Team nicht gerecht werdenden Führung. Gerade Rädelsführer, die sich dazu berufen fühlen, für ein ganzes Team zu sprechen, führen darüber hinaus auch unweigerlich zu einer weiteren Spaltung der Gemeinschaft. Aus diesem Grund gibt es auch hier wieder ein Kapitel aus der *Regel*, in dem der heilige Benedikt auf eine solche Situation hingewiesen hat. Und so haben wir wieder unsere bekannte Frage-Übung in die Teams gebracht:

> »Eigenmächtige Verteidigung eines Bruders« (RB 69)
> *Dass sich im Kloster keiner herausnehme, den anderen zu verteidigen: Man sorge vor, dass im Kloster auf keinen Anlass hin ein Mönch sich herausnimmt, so aufzutreten, als wäre er Verteidiger oder Beschützer eines anderen, wie nahe sie als Blutsverwandte sich auch stehen mögen. Die Mönche dürfen sich das in keiner Weise herausnehmen, weil dies Anlass zu schwersten Ärgernissen werden kann.*

Wie verstehst du den Text RB 69?

____

____

Woran kann es liegen, dass es innerhalb einer Gemeinschaft Ärger gibt, wenn eine(r) für andere spricht?

Wieso ist es für eine starke Gemeinschaft wichtig, dass jeder nur seine eigene Meinung vertritt?

Wie kann ich helfen, unterstützen oder ermutigen, wenn jemand aus der Gemeinschaft sich nicht traut, seine Meinung zu vertreten?

Auch wir haben die Erfahrung gemacht, die der heilige Benedikt in seiner *Regel* formuliert hat. Neue Führung bedeutet nicht, sich für jemanden starkzumachen. Wenn es jemanden im Team gibt, der sich für einen Einzelnen oder sogar die Gemeinschaft starkmacht, schwächt er die Beteiligten mehr, als dass er sie stärkt. Und je stärker dieser Rädelsführer wird, desto schwächer und abhängiger wird das Team von ihm.

»Wir wissen ja gar nicht, ob dieser Mensch auch meine Meinung vertritt oder die vermeintliche Meinung des Teams nur dafür nutzt, seine ganz eigenen Interessen, Sichtweisen oder Bedürfnisse zu formulieren.« Oder: »Der Gedanke, dass mich jemand für die Durchsetzung seiner Interessen missbraucht, fühlt sich ganz unangenehm an.« Das waren zum Beispiel Aussagen, die ich im Zusammenhang mit der sich an die Beantwortung der Fragen anschließenden Diskussion immer wieder vernahm. Wenn jemand für andere spricht – »Alle haben gesagt …«, »Markus hat gesagt …« –, ist die Gefahr der Spaltung einer Gemeinschaft sehr groß.

Spannend fand ich die Reaktion eines Mönchs, der mit einer Mitarbeiterin eines der Klosterbetriebe in der Abtei Münsterschwarzach im Gespräch war und von ihr mit der Aussage konfrontiert wurde: »Alle haben gesagt, dass das so und so nicht geht.« Nachdem sich der Mönch das vermeintliche Anliegen aller sehr aufmerksam angehört hatte, antwortete er knapp: »Wenn alle das wollen, dann bringen Sie alle her, damit sie mir das sagen.« Auch Tage danach passierte nichts, und es wurde schnell deutlich, dass die Mitarbeiterin ihre persönliche Meinung als Meinung aller verkauft hatte.

Aber auch ich kenne derartige Situationen mit Mitarbeitern. So trat einmal jemand an mich heran und gab vor, er wolle für alle anderen noch Folgendes anbringen. Er erklärte aber nicht, dass er nur für sich sprach. Aus solchen Fehlinformationen können Fehlentscheidungen entstehen, denn ich musste annehmen, dass es nicht nur bei einem Einzelnen Unverständnis gab, sondern im gesamten Team. Das aufzuklären kostet Zeit und schafft zusätzlichen Unmut, vor allem entsteht Misstrauen im Team. Deswegen: Klarheit statt Schonung.

Um solche Fehlentwicklungen im Entstehen zu stoppen, habe ich sofort die Karte »Klare Kante« gezogen. Ich sagte: »Wir brauchen keinen Klassensprecher. Niemanden, der glaubt, sich für andere, vermeintlich Schwache starkmachen zu müssen – denn wenn nicht alle Stärke zur Offenheit zeigen, im Guten wie im Schlechten, wachsen wie nie zu einem starken Team zusammen. Wenn also jemand etwas einzuwenden hat, was nicht nur ihn angeht, sagt er das direkt vor dem ganzen Team. Alles andere führt zu Problemen. Wenn jemand ein Thema hat, dann muss er lernen, sich für sich selbst einzusetzen und sich nicht hinter anderen zu verstecken. Denn wenn jemand meint, sich für alle anderen starkmachen zu müssen, ist das tödlich für eine Gemeinschaft, der Ursprung größten Übels. Erstens dadurch, dass jemand, der vorgibt, andere zu vertreten, meistens nur seine eigenen Interessen vertritt. Und zweitens, weil er die anderen schwächt, indem er sie aus der Pflicht nimmt, selbstbewusst und offen aufzutreten.« Mir ist schon bewusst, dass die meisten der Menschen, die sich für andere starkmachen, in der besten Absicht handeln. Umso wichtiger ist es, sie darauf hinzuweisen, dass sie damit der Gemeinschaft nur einen Bärendienst erweisen.

Etwas anderes ist es, sich für den anderen einzusetzen, damit er so stark wird, dass er sich in einem Konflikt selbst äußern und für sich selbst einstehen kann. Das Sich-Verstecken hinter anderen führt in die Sackgasse, aus der nur schwer wieder herausgefunden werden kann.

Klarheit und Anleitung zur Selbstverantwortung sind eine der wichtigsten Regeln des heiligen Benedikt für eine funktionierende Klostergemeinschaft – und ein Verstoß dagegen ist eine der von ihr am härtesten sanktionierten Handlungen. Auch in unserem Unternehmensleitbild findet sich hierzu der Wert Offenheit mit der Aufforderung: »Mit Menschen zu sprechen, anstatt über sie zu reden.« Transparenz in allen Bereichen ist das Gebot in Zeiten der Unvorhersehbarkeit. Was für Mitarbeiter gilt, gilt auch für eine Führungskraft. Eine Führungskraft, die sich für andere starkmacht, schwächt diese in Wirklichkeit. Denn diejenigen, für die sich jemand anderes starkgemacht hat, lernen sehr schnell, dass es bequem ist, wenn andere ihre Probleme lösen. Das führt dazu, dass die Problemlöser immer stärker werden, während die, die die Probleme für sich lösen lassen, nicht nur immer schwächer, sondern auch abhängiger werden.

Früher gab es bei uns Führungskräfte, die ihre Mitarbeiter nicht nur unter ihren persönlichen Schutz gestellt hatten, vielmehr genossen sie zudem Privilegien. »Bei mir bist du sicher, bei mir geht es dir gut«, ist natürlich eine sehr verführerische Aussage. Aber die Motive von Verführen und Führen können unterschiedlicher nicht sein. Während es bei der Verführung darum geht, meine Macht gegenüber anderen Menschen auf verlockende Weise zu erhöhen, geht es bei der neuen Führung gerade nicht darum, Macht über andere zu gewinnen, sondern darum, andere zu ermächtigen. Die Verführten werden nur solange protegiert, solange sie nach dem Willen der Führungskräfte funktionieren. Ist das irgendwann nicht mehr der Fall, werden sie fallen gelassen. Der Preis, den sie für ihr privilegiertes Leben gezahlt haben, ist hoch: Sie hatten den Verlust ihrer Selbstwirksamkeit, ihrer Selbstverantwortung und ihres Selbstvertrauens hinzunehmen. Sie verloren alle Fähigkeiten, um sich in einer immer komplizierter werdenden Welt gut zurechtzufinden.

Eine menschenorientierte Führung ist darauf ausgerichtet, den Menschen, den Menschen in einer Gemeinschaft und die Gemeinschaft an sich zu stärken. Gerade in unvorhersehbaren Zeiten schenkt eine starke Gemeinschaft den Beteiligten viel Sicherheit, von daher ist sie von größter Bedeutung. Denn mit einer gespaltenen Gemeinschaft lassen sich viele der uns bevorstehenden gesellschaftlichem, wirtschaftlichen oder unternehmerischen Aufgaben und Herausforderungen nicht lösen.

Gemeinschaft leben

Was wir alleine nicht schaffen// Im Umgang mit Unvorhersehbarkeiten und Umbrüchen wird die Gemeinschaft wieder einen deutlich höheren Stellenwert bekommen. Je größer der Wohlstand, desto kleiner die Gemeinschaft. Je geringer der Wohlstand, desto größer die Gemeinschaft beziehungsweise desto größer der Bedarf an Gemeinschaft. Wenn es eng wird, wenn die Herausforderungen und Unsicherheiten zu groß werden, haben wir keine andere Wahl, als uns wieder zusammenzuschließen, füreinander da zu sein und uns gegenseitig zu helfen. In Zeiten der Unvorhersehbarkeit gewinnt die lebendige und starke Gemeinschaft einfach mehr an Bedeutung.

Mit Ausnahme der letzten siebzig Jahre war es die Gemeinschaft, die der Menschheit Sicherheit, Nahrung, Geborgenheit und damit das Überleben sicherte. Und da sich die Welt, in der wir heute und morgen leben, wieder mehr jener vergangenen Welt ähneln wird, könnte es hilfreich für uns sein, sich zunehmend mit der Haltung, den Verhaltensweisen und Fähigkeiten zu befassen, mit denen wir Gemeinschaften erneut aufbauen und mit Leben füllen können. Das gilt in besonderem Maße für Unternehmen. Wer sich seine Zukunftsfähigkeit bewahren will, wird um starke und sich tief verbunden fühlende Teams nicht herumkommen.

Der Fachkräftemangel wird vielfach als Ursache dargestellt, Dienstleistungen nicht mehr durchführen, Aufträge nicht mehr erfüllen und die dringend erforderlichen Weiterentwicklungen nicht mehr ermöglichen zu können. In unseren siebzig Hotels und Ferienwohnungsanlagen haben wir die Erfahrung gemacht, dass ein Mangel an Fachkräften vor allem in den Bereichen herrschte, in denen sowohl egozentrische als auch unreflektierte Führungskräfte und Mitarbeiter für nicht zu den Menschen passende Aufgaben und Rahmenbedingungen gesorgt hatten und somit für schlechte Stimmung. Dort, wo sich eine immer größer werdende Anzahl an Führungskräften und Mitarbeitern auf eine sinn- und menschenorientierte Zusammenarbeit ausgerichtet haben, ist ein Fachkräftemangel etwas, was nur aus Zeitungen bekannt ist. Die für uns entscheidende Erkenntnis war und ist, dass die Stimmung in einem Unternehmen wichtiger ist als Kapital oder Wissen. Und der Erfolgsfaktor, über den sich die Stimmung in einem Unternehmen oder Team »bemessen« lässt, ist die Stärke einer Gemeinschaft. Doch wie baue ich eine Gemeinschaft auf, die ihre Stärke aus sich selbst heraus und nicht durch äußere Anreize, zum Beispiel ein gemeinsames Feindbild oder eine verlockende Prämie, entwickelt? Wo sind die Menschen, die das Gute in uns wachrufen? Und wo finde ich Strukturen und eine Atmosphäre, in der ich mich trotz aller Unberechenbarkeiten dennoch geborgen, sicher und angenommen fühle? Und: Wie kann in einer Gesellschaft, in der Unabhängigkeit als Tugend gilt, wieder Gemeinschaft entstehen?

Es geht letztlich darum, die Menschen zu lieben und die Dinge zu nutzen. Die Welt ist deshalb aus den Fugen geraten, weil wir die Menschen nutzen und die Dinge lieben. Die Unabhängigkeit, die viele anstreben, ist vielleicht eine Unabhängigkeit gegenüber anderen Menschen. Den Preis, den viele dafür zahlen, ist allerdings die Abhängigkeit von den Dingen. Heute sind wir eher dazu bereit, uns von Dingen abhängig zu machen als von Menschen. Aber nur das Füreinander kann uns durch eine anspruchsvolle Zeit tragen, ohne Gemeinschaft, ohne eine starke Familie, gute Freunde, verlässliche Kollegen und glaubwürdige Führungskräfte ist das nicht zu schaffen.

Dieses Füreinander erleben wir bei uns im Unternehmen immer wieder, dazu bedarf es nicht immer gleich einer Katastrophe, auch wenn es während der Pandemie die starke Upstalsboom-Gemeinschaft war, die das Unternehmen auf ihren Schultern durch die Krise trug. Aber diese starke Gemeinschaft gibt es bei uns noch nicht ewig. Wir haben einige Zeit gebraucht, um von einem Nebeneinander über ein Miteinander zu einem Füreinander zu gelangen. Es ist keine zwölf Jahre her, als mich Oliver Haas mit seinem sowohl analytischen als auch menschenorientierten Blick darauf aufmerksam machte, dass bei uns so etwas wie Gemeinschaft nahezu nicht existiere, geschweige denn spürbar sei. Viele würden ihr eigenes Ding machen. Die Hotels seien kleine Königreiche. Und was für die Hotels gelte, gelte für die jeweiligen Abteilungen genauso – »Ab-Teilungen« sei das richtige Wort dafür. Und auch die Firmenzentrale fliege wie ein abgekoppelter Satellit durch das Unternehmensuniversum. So war jedenfalls sein Fazit, nachdem er sich ein paar Wochen lang das Unternehmen angeschaut hatte, um herauszufinden, wo und wie dessen Kultur weiterentwickelt werden könne. Die sich aus dieser Situation ergebene Fragestellung lautete: Wie entsteht Gemeinschaft? Seitdem haben wir vier Quellen erkannt, die eine Gemeinschaft mit Leben füllen.

Gelingende Beziehungen

Erste Quelle// Die erste Quelle ist die gelingende Beziehung. Die gelingende Beziehung zu sich, genauso wie die zu den Mitmenschen, zwischen allen Beteiligten, zwischen mir als Geschäftsführer und den Mitarbeitern. Aber auch zwischen den Mitarbeitern untereinander. Wovon das Gelingen einer Beziehung abhängt, ist letztendlich eine Frage der Haltung, mit der ich in eine Begegnung gehe und Teil einer Beziehung werde. Die dabei (für mich) zu klärende Frage ist: Ist mein Gegenüber für mich Mittel oder Zweck? Benutze ich mein Gegenüber oder diene ich ihm? Wenn ich mein Gegenüber nur als Mittel zum Zweck dafür nutze, selbst besser dazustehen, wird das die Beziehung zu diesem Menschen früher oder später belasten. Womöglich wird sie sogar zerbrechen. Anders ist es, wenn ich mich als Mittel zum Zweck dafür betrachte, dass Menschen durch mich wachsen oder stärker werden. Wenn mein Gegenüber durch mich etwas erfährt oder bekommt, was für ihn von großer Bedeutung ist oder was er braucht, wird das das Band zwischen ihm und mir stärken. »Diejenigen, die dienen, werden geliebt und in Erinnerung bleiben, während diejenigen, die an Macht und Privilegien festhalten, längst vergessen werden«, das sagte Justin Welby, Erzbischof von Canterbury und Ehrenprimas der anglikanischen Weltgemeinschaft, in seiner Predigt anlässlich der Trauerfeier von Queen Elisabeth II.

Mich sprach dieser Satz sehr an, beschreibt er doch, woraus das Fundament einer gelingenden Beziehung besteht: dem Dienst am Menschen. Ein sehr hoher Dienst, den wir unseren Mitmenschen erweisen können, zeigt sich darin, sich bedingungslos für sie zu interessieren. Das bedingungslose Interesse an einem Menschen ist nicht nur eine starke Form der Wertschätzung, sondern auch eine gute Voraussetzung dafür, dass in einer Begegnung Verbundenheit entsteht. Bedingungslos bedeutet, dass ich versuche, mein Gegenüber zu verstehen, anstatt ihn zu bewerten. Und dass mir der Mensch in diesem Moment wichtiger ist als meine Vorstellungen, Ideen, Vorlieben und Meinungen, wichtiger als das, was er leistet. Doch wie viel Raum lassen wir der Einzigartigkeit unserer Mitmenschen in der Begegnung mit uns?

Vieles kann der Mensch entbehren, nur den Menschen nicht// Es geht darum, zu erkennen, was die wahren Bedürfnisse meiner Mitmenschen sind. Doch häufig übersehen wir diese und beharren auf unserem Standpunkt, auf tollen Konzepten oder unterwerfen uns dem Diktat der Zahlen, Daten und Fakten. So erging es mir nach dem Tod meines Vaters, als ich mich aus Unsicherheit an tollen Managementkonzepten entlanghangelte und bei dem Fokus auf diese Konzepte die wahren Bedürfnisse anderer übersehen hatte. Natürlich ist es viel einfacher, sich auf ein Konzept als auf Menschen zu fokussieren, aber wenn wir in unseren Unternehmen wieder ein stärkeres Gemeinschaftsgefühl entwickeln wollen, die Unternehmen nicht zu seelenlosen, rein professionellen und ausschließlich auf Wirtschaftlichkeit ausgerichteten Orten verkommen lassen wollen, werden wir dazu aufgefordert sein, zwischenmenschlichen Begegnungen mehr Aufmerksamkeit zu schenken. Und das gilt nicht nur für die Begegnung zwischen Führungskraft und Mitarbeiter, sondern immer dann, wenn Menschen aufeinandertreffen.

Vor Kurzem war ich in einem Hotel, das vor nicht allzu langer Zeit eröffnet wurde. Alles schien auf den ersten Blick perfekt. Ansprechendes Design, professioneller Empfang mit lächelnden Mitarbeitern und ein schier unerschöpfliches Food & Beverage-Angebot. Und doch fühlte ich mich in dem Haus nicht wohl. Ich hatte das Gefühl, dass es hier nicht um mich ging, einen Menschen, der Gast in diesem Hotel ist, sondern darum, mich als Mittel zum Zweck für die erfolgreiche Umsetzung eines Businessplans, eines Konzepts zu betrachten. Die Mitarbeiter wirkten auf mich wie Marionetten, deren Fäden an den Standards eines Qualitätsmanagementsystems festgeklammert waren und keinen authentischen, individuellen und wirklich herzlichen Umgang mit mir als Gast zuließen.

Hoteliers, aber auch andere Unternehmer, die sich in ihrer Ausrichtung ausschließlich auf qualitative, fachliche, optische und digitale Themen fokussieren, werden es in Zukunft schwer haben. Denn in unserer Gesellschaft entsteht ein stets stärker werdendes Bedürfnis nach Verbundenheit, Gemeinschaft und persönlicher Entwicklung. Statt einer Flucht in die Sinne, geht es um die Suche nach dem Sinn. In Zukunft wird es viel mehr um das psychische, physische und soziale Wohlbefinden der Menschen und nicht um deren oberflächliche Unterhaltung gehen. Und damit reduziert sich auch das Reisen in absehbarer Zeit nicht mehr allein darauf, schnell, digital und sauber abgefertigt zu werden, nur unterzukommen, unterhalten oder gesättigt zu werden. Vielmehr wollen die Menschen eine Reise als einen Wert erleben, der sie Gemeinschaft erfahren und sie in ihrer Persönlichkeit wachsen lässt. Dafür braucht es Begegnung mit Menschen, die ein ehrliches Interesse an ihnen als Mensch haben.

Gastfreundschaft bedeutet dann, Beziehung zu fördern und zu ermöglichen. Ein wirklich guter Barkeeper bringt die Gäste am Tresen miteinander ins Gespräch. Es wird darum gehen, für Menschen da zu sein und ihnen zuzuhören, denn nur Menschen, denen ich zuhöre, fühlen sich auch zugehörig. Bei uns ist ein Hotelmitarbeiter als Gestalter gelingender Beziehungen gefragt. Aus diesem Grund bieten wir die Logotherapie, die sinnorientierte Psychotherapie als Führungskompetenz bei uns im Unternehmen an. Damit erweitern wir die Qualifikation einiger unserer Mitarbeiter als zertifizierte Coachs und setzen uns sehr dafür ein, dass sich Menschen genauso professionell wie herzlich für die Stärkung und Entwicklung des Einzelnen und einer starken Gemeinschaft im Unternehmen einbringen. Einer Gemeinschaft, die auch dem Gast das Gefühl vermittelt, als Mensch gesehen zu werden.

Der Weg vom Ich zum Wir führt aber über das Du. Eine gute Beziehung zu mir selbst baue ich auf, wenn ich die Frage »Wer bin ich?« zu beantworten versuche. Eine gute Beziehung zu meinem Gegenüber baue ich auf, wenn ich die Frage »Wer bist Du?« zu beantworten versuche. In einer guten Gemeinschaft geht es also darum, sich gegenseitig dabei zu unterstützen, sich als Mensch ein bisschen besser kennenzulernen. Denn letztlich handelt es sich bei einer Gemeinschaft darum, sich das gute Leben gegenseitig zu ermöglichen und es nicht auf Kosten anderer zu leben.

Konflikte nutzen, statt vor ihnen wegzurennen// In einer gelingenden Beziehung ist es aber nicht nur von Wichtigkeit, welchen Dienst ich meinen Mitmenschen erweise, sondern ebenso, wie ich mit dem Dienst umgehe, der mir erwiesen wird. Wenn mir jemand den Spiegel vorhält, und ich erkenne darin etwas, was mir nicht gefällt, habe ich zwei Möglichkeiten, damit umzugehen: Entweder kann ich den Spiegel zerschlagen, oder ich halte dem Blick stand und nehme an, was ich in ihm sehe. Darin zeigt sich die Fähigkeit zu Kritik. Wenn ich kritikfähig bin, wird das die Beziehung stärken, während meine Kritikunfähigkeit die Beziehung belasten oder am Ende sogar zerstören wird. Doch wenn ich den Willen entwickelt habe, mich als Mensch weiterentwickeln zu wollen, werde ich Kritik genauso lieben wie nutzen müssen.

Vor Jahren wurde ich von Heiko, einem meiner Mitarbeiter, kritisiert: »Bodo fährt schnell aus der Haut«, las ich in unserem digitalen Feedback. Wie beim Blick in den Spiegel konnte ich nur auf zwei Arten reagieren, die Entscheidung hatte ich allein zu treffen. So hätte ich die Aussage folgendermaßen erwidern können: »Weiß du was, Heiko, ich kann gar nicht aus der Haut fahren. Schon allein deswegen, weil ich seit zehn Jahren jeden Morgen meditiere. Und was nimmst du dir überhaupt heraus? Hast du dich schon einmal angeschaut? Ständig kommst du zu spät, bist faul wie eine Socke, und deine Kollegen können sich auch nicht auf dich verlassen. Kehre doch lieber erst einmal vor deiner eigenen Haustür, bevor du meinst, mich hier angehen zu müssen.« Meine Reaktion hätte aber auch so ausfallen können: »Lieber Heiko, mir selbst war noch gar nicht so bewusst, dass ich schnell aus der Haut fahre. Vielen Dank, dass du mich darauf aufmerksam gemacht hast, damit gibst du mir die Möglichkeit, mich weiterzuentwickeln. Könntest du dir vorstellen, mich in Zukunft wieder darauf hinzuweisen, wenn du das Gefühl hast, dass ich kurz davor bin, auszurasten?«

Mit der ersten Entgegnung zerschlage ich den Spiegel und mit dem Spiegel auch die Beziehung zwischen Heiko und mir. Heiko wird sich lieber die Zunge abbeißen, als mir noch einmal ein Feedback zu geben. Im schlechtesten Fall wird er aber mit seiner Meinung trotzdem nicht hinter dem Berg halten. Nur wird er dann nicht mich ansprechen, sondern sich im Team über mein Verhalten Luft verschaffen. In der Folge findet ein zerstörerischer Prozess statt, der nicht nur unsere Beziehung stört, vielmehr wirkt er wie Gift auf die Gemeinschaft.

Mit meiner zweiten Reaktion nehme ich an, was ich im Spiegel erblicken muss. Die Konsequenz ist, dass das Band zwischen Heiko und mir stärker wird. Heiko hat eine gute Erfahrung damit gemacht, mich für ein die Gemeinschaft frustrierendes Verhalten zu kritisieren. Und meine Einladung, mich in Zukunft auf diese Verhaltensweise hinzuweisen, wird unsere gegenseitige Verbindung noch weiter stärken.

Was uns dabei hilft, diese Kritikfähigkeit zu entwickeln, ist Demut. Demut ist die Fähigkeit, sich den Worten und Ansichten anderer zu öffnen. Demut bedeutet, nicht nur seinen Standpunkt zu vertreten, sondern zu akzeptieren, dass meine Antwort eine von vielen Antworten und meine Sichtweise eine von einer Vielzahl anderer Sichtweisen ist. Doch wenn ich eine Gemeinschaft nur als Bühne betrachte, um zu zeigen, wie toll ich bin, wird sie sehr wahrscheinlich daran zerbrechen. Bei fach- und sachlichen Themen können wir von richtig oder falsch, gut oder schlecht sprechen, nicht aber im Umgang mit Menschen. Hier geht es darum, die Würde jedes Einzelnen anzunehmen und als Anstoß oder Impuls zur persönlichen Weiterentwicklung zu betrachten. Dadurch entstehen vielfältige Perspektiven, aus denen wir wählen können, welche davon wir in unser Leben integrieren wollen. Demut bedeutet aber auch, für sich anzunehmen, dass ich in meiner persönlichen Entwicklung von jedem Menschen, dem ich begegne, abhängig bin.

In Zeiten mobilen Arbeitens gilt es, sich auch immer wieder bewusst zu machen, dass eine gelingende Beziehung aus dem Wechselspiel, aus dem rechten Maß, von Nähe und Distanz lebt. Das bedeutet, sich auf sein Gegenüber einzulassen, ohne sein Gegenüber zu sein. Dabei steht die Nähe für das Spüren, die Distanz für das Sehen. Es geht also in einer gelingenden Beziehung und ebenso bei der Führungsarbeit nicht nur darum, Dinge und Menschen nur aus der Distanz zu betrachten – so bequem das auch manchmal ist –, sondern über Nähe zu spüren. Das heißt: Wenn ich nicht häufig und ausreichend genug in die Welt der Mitarbeiter eintauche, Zeit mit ihnen verbringe, Gespräche mit ihnen führe, verlieren wir unsere Verbindung. Wie häufig hat sich in mir durch räumliche Distanz Frust über dieses oder jenes entwickelt, der in dem Moment, in dem ich bei den Menschen war, einfach verflog.

Wenn ich Menschen und ihr Leben spüre, erinnert es mich daran, wofür ich jeden Tag aufstehe. Es spielt dann keine

Rolle mehr, wie frustriert ich zuvor in meinem Homeoffice saß. Die Begegnung mit Menschen hilft mir, mich zu entsinnen, worauf es wirklich ankommt. Und je informeller die Begegnungen sind, desto mehr Gemeinschaft entsteht.

Vor nicht allzu langer Zeit nahm ich die Einladung an, eine Schicht in der Küche unseres Kühlungsborner Hotels mitzumachen. Ich habe nicht wirklich viel Ahnung, was im Einzelnen in einer Hotelküche geschieht. Aber darum ging es nicht. Ich schrieb zurück: »Hey, vielen Dank für eure Einladung, bei euch einen Abend mitmachen zu dürfen. Ich komme als der neue Praktikant. Bindet mir eine Schürze um, gebt mir ein Messer in die Hand, wenn ihr mir das zutraut, ansonsten eine Bürste zum Spülen – und dann bin ich einfach da. Dann sehe ich einmal, was ihr macht, erlebe, was geschieht, komme mit euch ins Gespräch, und wir können uns über das, womit ihr euch täglich beschäftigt und was euch wichtig ist, austauschen.«

Ich kam mit Christian ins Gespräch und erfuhr, dass es in seinem und meinem Leben viele Parallelen gibt, und von Jens lernte ich, worauf es bei einer guten Teamarbeit in der Küche ankommt. Selten lernte ich so viel an einem Abend. So fand ich heraus, was die Menschen in diesem Team und mich verbindet. Zunächst einmal das Erlebnis an sich, aber auch das Gelernte, was mir nicht nur mehr Verständnis bei meiner zukünftigen Führungsarbeit schenkte, sondern mir bei jedem Wiedersehen die Möglichkeit bescherte, erneut ins Gespräch zu kommen.

Ich konnte mich in dieser Schicht auf ihre Arbeit einlassen, ich hatte mich ihrer Sache gewidmet, aber nicht nur auf der Führungsebene. Gehe ich so vor, verliere ich nicht den Blick für die Basis. Es geht darum, zu allen Kontakt zu haben, und das hat sich bei uns über Jahre bewährt.

Der Ort, an dem Führung geschieht, ist die Begegnung//
Führen bedeutet, Menschen aufzurichten, zu ermutigen und

manchmal auch wachzurütteln. Führung geschieht nicht von einem Büro aus. Führung geschieht dort, wo das Leben brodelt. Als zeitgemäße Führungskraft habe ich also den Auftrag, mich für das Leben in das Leben zu begeben. An den Ort, wo es stattfindet. Führung (bis auf Selbstführung, die in der Stille geschieht) findet also nicht am Schreibtisch statt, während ich dabei bin, irgendwelche Konzepte, Strategien oder Papiere zu formulieren, sondern in der täglichen Begegnung mit den Menschen und dem Leben an sich.

Die Menschen in einer Gemeinschaft brauchen eine Führungskraft und nicht irgendwelche Konzepte. Tauche also ein in das brodelnde Leben und mache jede Begegnung mit dir zu einem Geschenk für andere. Sprich nicht über die Menschen und darüber, was sie zu tun haben, sondern sprich mit ihnen und ermutige sie, inspiriere sie, halte sie wach, richte sie auf, tröste sie und lade sie ein, sich immer weiterzuentwickeln. In der täglichen Begegnung geht es darum, einander zu stärken und sich gegenseitig zu einem guten Miteinander zu befähigen. Ziehe dich als Führungskraft daher nicht zurück, sondern tauche ein in den Ort, an dem das Leben geschieht. Spüre nach, was es jetzt braucht, vertraue auf das Gefühl, das in dir entsteht. Sprich mehr über Erfahrungen, die du selbst gemacht hast, als eine Meinung zu formulieren. Denn einer Meinung fehlt das Fundament des Lebens, auf das die Erfahrung aufbauen kann. Wenn du aber eine Meinung formulieren willst, dann mit Respekt und Humor und in dem Bewusstsein, mit dem, was du sagst, niemand anderen zu verletzen. Das setzt Mitgefühl voraus.

Bei deiner Führung geht es um die Umstehenden und die Umstände. Um deine Beziehung zu den Umstehenden zu klären, zu klären, wo und wie ich zu den anderen stehe, muss ich erst meinen eigenen Standpunkt klären. Und dazu gehören Fragen wie: Welches Bild habe ich von mir, wie nehme ich mich wahr, welche Bedürfnisse oder welche Wünsche habe ich? Wie gehe ich mit mir um? Eine Beziehung entsteht dann, wenn ich die Umstehenden und die Umstände bewusst wahrnehme und kläre, wie ich zu ihnen stehe. Meine Antworten auf folgende Fragen werden mir Klarheit schenken: Mit wem lebe und arbeite ich zusammen? Und warum? Wie nahe stehen mir die Menschen in meiner Umgebung? Was erwarten diese Menschen von mir? Was bedeuten sie mir? Welche Erwartungen und Wünsche höre ich immer wieder?

Zu den Umständen gehören auch Fakten, Situationen, Arbeitsbedingungen. Und die gilt es, sich näher anzuschauen. Welche habe ich selbst ausgewählt? Welche sind fremdbestimmt? Was kann ich gut annehmen? Womit tue ich mich schwer? Gegen welche Umstände muss ich mich wehren? Wo muss ich bewusst Nein sagen? Wo ist es gut, mich zu fügen, wo ist es besser zu verfügen?

Zur Klärung der Fragen zu den Umständen und Umstehenden greifen wir bei uns im Unternehmen seit einigen Jahren immer häufiger auf die Systemaufstellung zurück. Die Systemische Aufstellung wird bei uns überwiegend als Gruppenübung praktiziert, in der Personen als »Vertreter« für jemanden oder etwas im Raum aufgestellt und im Zuge einer Prozessarbeit nach ihrer Wahrnehmung innerhalb des aufgestellten Systems befragt werden. Letztlich geht es für uns im Rahmen der Systemischen Aufstellung immer darum, Beziehungen zwischen Umstehenden und Umständen zu klären. Anliegen können dabei persönliche oder organisatorische Themen genauso wie Themen der Führungsarbeit oder der generellen Weiterentwicklung sein. Und so gehört die Ausbildung zum zertifizierten Systemaufsteller zu den Angeboten, die wir unseren Mitarbeitern unterbreiten. Betriebliche Prozesse, bei denen es um ganzheitliche Dimensionen wie Teamentwicklung, Kulturentwicklung, Strategieprozesse, Konfliktlösungen, Entscheidungen und viele andere geht, können durch Aufstellungen sehr effizient optimiert werden.

Gebraucht fühlen

Zweite Quelle// Die zweite Quelle schöpft aus dem Gefühl jedes Einzelnen, etwas zum Gelingen beitragen zu können. Bevor zum Beispiel die Auszubildenden bei uns anfangen, kommen sie schon im Vorfeld zusammen, um an zwei Tagen gemeinsam herauszufinden, welches ihre Talente und Fähigkeiten sind, was es ist, das sie lieben. Jede und jeder hat etwas, das für die Gemeinschaft gut ist, selbst die Jüngsten, und dieses Etwas gilt es zu finden. Um ihnen im Alltag die Möglichkeit zu eröffnen, das auch einzubringen. Um sich in der Gemeinschaft wertvoll zu fühlen.

Gemeinschaft ist ein Geben und Nehmen, eine Begegnung auf Augenhöhe. Es ist zu fragen: Was können die Erwachsenen von den Kindern, die Reichen von den Armen, die Wissenden von den Weisen lernen? In beiden Richtungen ist zu lernen und zwar ganz ohne Belehrung. Jeder Mensch ist wichtig. Jeder hat etwas, womit er zur Gemeinschaft beitragen kann, und die neue Führung hat die Aufgabe, Menschen nicht nur dabei zu helfen, sich ihrer Begabungen bewusst zu werden, sondern auch dabei, Begabungen ins Handeln zu übertragen (für sich und andere einzusetzen). Es ist darauf zu achten, dass die Arbeit der Mitarbeiter nicht auf Kosten ihrer Begabung geschieht. Denn das wäre Verschwendung. Die sinn- und menschenorientierte Führungskraft achtet aber ebenso darauf, dass die Begabung Einzelner nicht dazu führt, die Entwicklung der Gemeinschaft zu hemmen oder sie sogar zu tyrannisieren.

Es macht einen großen Unterschied für die Gemeinschaft, ob ich einen Menschen beschäftige oder ihm das Gefühl vermittle, tatsächlich gebraucht zu werden. Wenn ich Menschen »nur« arbeiten lasse, entsteht im besten Fall ein Miteinander. Aber für ein Füreinander reicht das nicht aus. Die Erkenntnis, dass es einen deutlichen Unterschied macht, ob man jemanden bloß beschäftigt oder jemandem das Gefühl vermittelt, gebraucht zu werden, habe ich nicht im Unternehmenskontext gewonnen, sondern zu Hause in der Familie.

Gerade mit dem »Einzug« von Homeoffice in unsere Arbeitswelt steigt der Bedarf, dass man sich mit den Kindern zu Hause gut befasst, noch einmal deutlich an. Einfach, um Ruhe für die täglich zu erledigenden Aufgaben zu haben. Aber unabhängig davon höre ich auch Aussagen wie: »Die Kinder müssen beschäftigt werden.« Oder: »Wir müssen uns mehr mit den Kindern beschäftigen.« Das Beschäftigen in allen Ehren, aber größer ist die Freude nicht nur bei den Kindern, sondern auch bei mir, wenn wir gemeinsam ein Gesellschaftsspiel spielen. So ein schönes Miteinander! Aber wie aus einem Miteinander ein Füreinander wird, erlebte ich, als meine Frau Claudia und ich zusammen mit unseren beiden Mädchen einen Kaninchenstall bauten. Unsere Töchter waren damals sieben und zehn Jahre alt, und als es darum ging, den Kaninchendraht an die Staketenzäune zu befestigen, damit die Kaninchen sich nicht unter dem Zaun »durchbuddeln«, war es die Siebenjährige, die sich sogleich die Kabelbinder griff und mit ihren kleinen, äußerst geschickten Fingern den Draht mit dem Zaun verband.

Claudia sah das und sagte: »Mensch, Enna, gut, dass du da bist.«

»Wieso?«, fragte Enna.

»Mit unseren dicken Erwachsenenfingern würden wir das gar nicht zustande bringen. Ohne dich wäre es gar nicht möglich, was wir hier machen.«

Und dann schaute unsere Tochter meine Frau mit leuchtenden Augen an und fragte: »Bin ich wichtig?«

Ich war damals so berührt von diesem strahlenden Gesicht unserer Tochter, nachdem meine Frau ihr das Gefühl vermittelt hatte, wirklich wichtig zu sein. Sich miteinander zu beschäftigen und miteinander zu spielen, hat eine andere Qualität, als einem Mitmenschen zu vermitteln: »Ohne dich geht es nicht, auf dich kommt es an.«

Dritte Quelle// Die dritte Quelle, aus der eine Gemeinschaft ihre Lebendigkeit und Verbundenheit schöpft, ist die Antwort auf die Frage nach dem Wofür? Wenn alle wissen, worum es geht, und wenn das, worum es geht, für die meisten auch noch sinnvoll erscheint, schweißt das nicht nur zusammen – es erzeugt zudem eine unglaubliche Kraft. Und alleine deshalb lautet eine Frage, die mir mit Blick auf den Sinn des Unternehmens häufig gestellt wird: »Bodo, wie gelingt es dir, alle Mitarbeiter auf die gleiche Gesinnung auszurichten?« Wenn ich auf diese Frage antworte: »Die Ausrichtung auf die gleiche Gesinnung ist nicht nur nicht möglich, sondern auch nicht wirklich entscheidend«, schaue ich in ziemlich verdutzte Gesichter.

In dem Film *Die stille Revolution* gibt uns einer der Interviewpartner hierzu einen wichtigen Impuls. So sagt Dr. Timothy Goering von der Kommunikationsberatung Gute Botschafter: »Die Gefahr ist die Kolonisierung des Berufslebens. Denn da kann es schon Menschen geben, die sagen, mein Sinn ist ein anderer als die sinnstiftenden Werte meines Chefs. Und ich will nicht seine sinnstiftenden Werte anstreben, sondern meine eignen. Und ich mache meinen Job nur, damit ich Geld verdienen und damit meine eigenen Ziele verfolgen kann.«

In einer Zeit, in der genauso unvorhersehbare wie starke Veränderungen zur Tagesordnung gehören, lautet mein Grundsatz: »Lieber individuelle Vielfalt als kollektive Einfalt.« In unseren Unternehmen arbeiten Menschen mit unterschiedlichen Eigenschaften, Talenten, Fähigkeiten, Weltbildern, Religionen und Meinungen, Geschlechtern, Altersgruppen, Arbeitsweisen, Traditionen und Herkunftsländern. Die Unterschiedlichkeit ist so groß wie die Anzahl der

Lebensgeschichten – und genau darin liegt in Zukunft die große Chance für Unternehmer, Führungskräfte und Mitarbeiter, unserer dynamischen Welt klug zu begegnen.

Aus der Landwirtschaft wissen wir, dass Monokulturen für Schädlinge extrem anfällig sind. Die in Monokultur angebaute Tomate hat einem Schädling nichts entgegenzusetzen. Erwischt es auf dem Feld oder im Gewächshaus eine Tomate, erwischt es alle Tomaten. Und genauso verhält es sich bei einer Gruppe völlig angepasster Menschen. Erwischt es einen Menschen, erwischt es alle Menschen. Die Gruppe angepasster Menschen hat schwierigen Zeiten nichts entgegenzusetzen. Aus diesem Grund sind Führungskräfte bestens beraten, für Vielfalt zu sorgen. Das Gute daran ist, dass wir sie gar nicht erzeugen müssen, sondern sie von Natur aus besteht.

Führung aus vergangenen Tagen bestand darin, die Menschen anzupassen, jetzt heißt es, die Einzigartigkeit des Einzelnen innerhalb einer Gruppe nicht nur zu bewahren und zu würdigen, sondern auch herauszuarbeiten und zu stärken. Unsere Resilienz gegenüber einer komplexen, volatilen und mehrdeutigen Welt steigt mit unserer Vielfalt. Und das gilt nicht nur für die Menschen in Unternehmen, sondern ebenfalls für deren Zusammensetzung. Spezialisierung kann zur Falle werden. Nämlich dann, wenn das, worauf ich mich spezialisiert habe, in Zukunft nicht mehr gebraucht wird. Von daher ist Diversität zu fördern, sind Quereinsteiger mit unterschiedlichen Talenten und Sichtweisen miteinander zu verbinden. Die Führungsfragen, die sich daraus ergeben, lauten: Wie finden wir eine Einheit in all der Vielfalt? Wie verbinden wir Selbstständigkeit mit dem Bewusstsein für die Gemeinschaft? Wie überbrücken wir Grenzen und Unterschiede? Wie erkennen wir die Vorzüge unserer Vielfalt?

Ein Bild, das mir dabei hilft, einen klugen Umgang mit dieser Herausforderung zu finden, ist das des menschlichen Körpers. Er besteht aus unterschiedlichen Körperteilen mit verschiedenen Funktionen. Jedes Körperteil hat eine spezielle Aufgabe, doch zugleich bedürfen alle einander. Viele Glieder formen sich zu einem Leib wie viele Mitglieder zu einer Gemeinschaft. Und so ist die Lehre von der Einheit in der Vielfalt, die Paulus im 1. Korintherbrief entwarf, für mich ein hilfreiches Bild, um die Unterschiedlichkeit der Menschen nicht zu bekämpfen, sondern sie zu fördern und miteinander zu verbinden.

Es geht gar nicht so sehr darum, dass die Vision der Gemeinschaft auch der des Einzelnen entspricht. Es kann gut sein, dass ein Mitarbeiter für sich im Privaten völlig andere Visionen hat, aber genau das entspricht der Intention des New-Work-Begründers Frithjof Bergmann, nämlich Arbeit als etwas zu betrachten, das mir hilft herauszufinden, was für mich wirklich wichtig ist. Und somit würde allein der Versuch, eine gesamte Mannschaft eines Unternehmens auf eine Gesinnung auszurichten, dem im New Work formulierten Anspruch widersprechen. Entscheidender ist: Die Mitarbeiter erkennen, wer sie sind, erkennen für sich, was ihnen als sinnvoll erscheint und welche Eigenschaften und Talente sie haben, um sie einzubringen. Statt Gesinnung geht es um Sinn. Und den Wert Sinn betrachten wir im Unternehmen aus unterschiedlichen Perspektiven. Da existiert zum einen die universelle Perspektive, die persönliche Perspektive, die Gemeinschafts- oder Unternehmensperspektive, aber, inspiriert durch Viktor Frankl, haben wir für uns auch so etwas wie den Sinn des Augenblicks formuliert.

Bewusstheit// Bei der universellen Perspektive besteht der Sinn unseres Handelns darin, mehr Bewusstheit zu gewinnen. Es geht darum, alles, was wir tun und was uns im Leben begegnet, als Möglichkeit zu verstehen, unsere Geistesgegenwärtigkeit weiterzuentwickeln. Den Grad der Bewusstheit zu erhöhen, ist nicht abhängig von einer persönlichen Gesinnung, sondern ist überhaupt erst die Voraussetzung dafür, sich dessen bewusst zu werden, was mir wichtig ist, was ich besonders gut kann, was zu meinem Leben passt und was ich mir für die Welt wünsche. Daraus entsteht dann Selbstvertrauen und darüber hinaus auch die Fähigkeit, Vertrauen in das Leben zu finden, mit all seinen Beteiligten und Ereignissen. Vertrauen entsteht aus dem Bewusstsein, was ich kann. Und eine Aufgabe der neuen Führung besteht darin, die Mitarbeiter dabei zu unterstützen, herauszufinden, was das ist.

Aber auch für eine Gemeinschaft, für das Mit- oder Füreinander spielt das Bewusstsein davon, was wir tun und welche Auswirkungen unser Handeln auf unsere Mitmenschen hat, eine wichtige Rolle. Meine persönliche Erfahrung ist, dass eine starke menschliche Gemeinschaft vor allem auch Ausdruck einer stark ausgeprägten Bewusstheit ist. Oder anders ausgedrückt: Das Zusammenleben oder -arbeiten mit Menschen, die auf Autopilot unterwegs sind, die es regelmäßig verpassen, sich und ihr Verhalten zu reflektieren, kann ermüdend und frustrierend sein.

Bewusstes oder auch geistesgegenwärtiges Handeln drückt sich in der Art und Weise aus, wie ich angemessen auf eine Situation oder einen Menschen reagiere – etwa in dem Moment, in dem ich mit Gewalt konfrontiert werde. Gewalt ist Ausdruck von Angst. Und zwar im Denken genauso wie im Handeln. Dabei spielt es eine untergeordnete Rolle, ob ein Demonstrant um sich schlägt oder ein Präsident einen Konflikt anzettelt. Was beide Personen miteinander verbindet, ist Angst. Beobachten wir also Menschen dabei, wie sie andere angreifen oder gewalttätigen Widerstand leisten, sollten wir uns daran erinnern, dass sie mit ihrer Gewalt nur ihrer tiefen Angst Ausdruck verleihen. Sie wissen sich nicht anders zu helfen.

Öfter werde ich gefragt, inwiefern sich mir das Bewusstsein als nützlich erweist, dass die um sich schlagenden oder mich angreifenden Menschen einfach nur Angst haben. Die Antwort: Wir gehen mit Menschen, die Angst haben, anders um. Wir begegnen ihnen eher mit Mitgefühl als mit Aggressionen oder Ablehnung. Und das ist ein wichtiger Aspekt. Denn was für die Tat gilt, gilt auch für den Geist: Lassen wir im Anblick dieser gewalttätigen Menschen selbst gewalttätige Gedanken oder Emotionen wie Zorn, Wut oder Aggression zu, ist das nicht nur Ausdruck unserer eigenen Angst, sondern ebenso unser Beitrag an einer weiteren Eskalation. Das Bewusstsein um die Angst von Mitmenschen hilft uns dabei, unsere eigenen Aggressionen in Mitgefühl zu wandeln.

Ein anderes Beispiel ist der Umgang mit Begeisterung. Wenn ich voller Begeisterung davon spreche, ein bestimmtes Sportprogramm gefunden, eine neue Diät entdeckt, mit dem Rauchen aufgehört oder mit dem Veganismus begonnen zu haben, oder erzähle, dass ich nur noch Elektroauto fahre, kann die von mir ausgehende Euphorie bei anderen Menschen ein schlechtes Gefühl hinterlassen. Freude und Gefühlsüberschwang können Menschen auch erschlagen, anstatt sie aufzurichten. Und in dem Bewusstsein, dass das so ist, finde ich gegenüber anderen einen passenden Umgang mit meiner Begeisterung.

Bei der neuen Führung geht es auch darum, Menschen auf ihrem Weg zu einer größeren Bewusstheit oder Geistesgegenwärtigkeit zu begleiten. Denn mit Personen, die sich ihrer Mitmenschen, ihrer Umwelt sowie ihres eigenen Ichs immer bewusster werden, lebt und arbeitet es sich einfach besser.

Lebenswert// Bei der persönlichen Perspektive steht das im Vordergrund, was mir selbst als sinnvoll erscheint. Sinnvoll und lebenswert ist das, was mir wertvoll erscheint, was zu meinem Leben und meiner Persönlichkeit passt.

Das individuelle Empfinden dafür, was mir sinnvoll erscheint, ist nichts Abstraktes, sondern etwas sehr Konkretes. Für mich führt der Weg zum Sinn über die Selbsttranszendenz dessen, was mir als Mensch wirklich wichtig ist. Das klingt kompliziert, ist aber einfach. Wenn es für mich als Mensch etwas gibt, einen Wert zum Beispiel, der für mich von so großer Bedeutung ist, dass ich ihn mir nicht nur für mein Leben, sondern vielleicht sogar für das Leben ganz vieler Menschen auf dieser Welt wünsche, dann erfüllt es mich, wenn ich mich dafür einsetze. Chade-Meng Tan, einer der ersten Ingenieure von Google, ist jemand, für den Frieden zu den Werten zählt, die er sich nicht nur für sich, sondern für die ganze Welt wünscht. Aus dieser Sehnsucht nach einer friedvollen Welt ist das revolutionäre Selbstentwicklungsprogramm »Search inside yourself« entstanden, das er zusammen mit renommierten Wissenschaftlern wie Jon Kabat-Zinn und Daniel Goleman entwickelte. In diesem Programm geht es vor allem um Aufmerksamkeitstraining, Selbsterkenntnis sowie die Aneignung nützlicher geistiger Gewohnheiten.

Chade-Meng Tan ist davon überzeugt, dass derjenige, der sich regelmäßig darin übt, im Beruf sowie im Privatleben zufriedener und gelassener wird. Achtsame, zufriedene und gelassene Menschen stiften einfach weniger Unfrieden. Inzwischen hat das Programm schon viele Menschen auf ihrem Weg zu mehr Gelassenheit geführt. Alles, was er dafür tun kann, dass der Weltfrieden wächst, erfüllt ihn – über den Wert der Achtsamkeit.

Selbstführung beschreibt den Weg von der Schwierigkeit des Tuns zur Schwerelosigkeit des Seins// Ich selbst habe über die Reflexion all meiner Krisen Zugang zu meiner ursprünglichen Sehnsucht bekommen: Menschen stärken! Ich erfuhr, wie viel Kraft, Liebe und Begeisterung in mir entstand, als ich entdeckte, was mir wirklich wichtig ist im Leben. Und genau das Gefühl von Stärke, das ich für mich erfuhr, war es dann auch, das ich mir für alle Menschen auf dieser Welt wünschte. Und so begann ich, ein Unternehmen darauf auszurichten, Menschen zu stärken.

Wer sich auf den Weg zu seinem innersten und tiefsten Wesen einlässt, wer sich seiner Denk-, Verhaltens- und Gefühlsmuster permanent bewusster wird, dem wird es mit jedem Schritt leichter fallen, aus dem Hamsterrad des Lebens herauszutreten. Jeder Mensch hat eine Würde. Nur leider sind sich bislang noch zu wenige ihrer Würde bewusst. Ich arbeite daran, dass sich das ändert. Täglich!

Bei meiner Frau ist es die Gesundheit, für die sie sich voller Begeisterung einsetzt. Nicht nur für sich selbst oder innerhalb der Familie, sondern als Medizinerin für die Gesundheit anderer. Es geht ihr um das psychische, physische und soziale Wohlbefinden, und alles, was sie hier erreicht, ist für sie sinnvoll. Problematisch wird es, wenn die Realität nicht zulässt, etwas zu tun, was uns als sinnvoll erscheint. Das kann einer Ärztin in einem Krankenhaus passieren, in dem nur noch die Wirtschaftlichkeit zählt.

Doch an dem, was mir persönlich wichtig ist, lasse ich mein Umfeld teilhaben. Ich will die eigenen Werte so kommunizieren, dass sie auch für andere erlebbar werden. Möglicherweise ist dies aber für jeden etwas anderes, es muss sogar etwas anderes sein, denn den einen Sinn fürs Leben gibt es nicht. Sinn ist etwas sehr Individuelles, das der Persönlichkeit des Einzelnen entspricht. Was seiner inneren Sehnsucht, seiner (inneren) Wahrheit gerecht wird. Wobei: Vielen ist gar nicht bewusst, was ihr Sinn sein könnte. Über die Selbstführung können wir aber herausfinden, was uns wirklich wichtig ist.

Von Leonardo da Vinci ist folgende Aussage überliefert: »Binde deinen Karren an einen Stern.« Der Karren symbolisiert ein wenig das, was wir im Leben an Erfahrungen und Wissen aufgesammelt haben, also das, was unser bisheriges Leben beziehungsweise unsere Persönlichkeit ausgemacht hat. Der Stern weist uns, wofür wir uns einsetzen wollen, indem wir ihm folgen. Der Karren allein reicht nicht aus, wir brauchen einen Stern, der uns zu einem Punkt bringt, bei dem wir wissen, wofür es sich lohnt, sich einzusetzen, wofür es sich lohnt, sich dorthin zu bewegen. Was ist der Stern, dem du folgst? Was ist das, was du dir für die Welt wünschst? Welche Hoffnung geht von dir für deine Mitmenschen aus?

Wenn ich jedoch nur etwas als sinnvoll erachte, was mir persönlich guttut, ich also einen eher egozentrischen Ansatz verfolge, wird das tendenziell zu einer Spaltung in oder einer Abspaltung von der Gemeinschaft führen. Die Frage, die ich mir immer wieder stelle und stellen muss, ist: Will ich nur mein Leben leben, oder bin ich auch bereit, das Leben einer Gemeinschaft zu leben? Geht es mir nur darum, mein Leben zu leben, werde ich keinen Zugang zu einer Gemeinschaft finden.

Eine gute Führungskraft verbindet die Persönlichkeit eines Menschen mit den Bedürfnissen der Welt// Hat ein Mitarbeiter für sich erkannt, welcher Wert für ihn so bedeutsam ist, dass er ihn sich auch für die Welt wünscht, besteht die Aufgabe der Führung und des Managements darin, diesem Menschen die Möglichkeit im Unternehmen zu geben, sich genau dafür einzusetzen. Sagt ein Mitarbeiter: »Der Wert Gerechtigkeit ist der, der mir so wichtig ist, dass ich für ihn ›sterben‹ würde. Er ist für mich so bedeutsam, dass ich ihn mir für die Welt wünsche«, liegt es in der Verantwortung der Führung, diesem Menschen ein Wirkungsfeld zu ermöglichen, auf dem es auf diesen Wert besonders ankommt. Oder er betraut ihn mit der Aufgabe, in einem Umfeld, in dem gerade Ungerechtigkeit geschieht, für Gerechtigkeit zu sorgen. In dem Moment, in dem der Mitarbeiter sich für das einsetzen darf, was ihm wichtig erscheint, wird er diese Tätigkeit für sich als sinnvoll erfahren. Um Sinn aber wirklich zu erfahren, brauchen wir ein Gegenüber oder eine Gemeinschaft, zu der wir nicht nur das beitragen, was uns als Menschen wirklich wichtig ist, sondern ebenso das, was auch für die Gemeinschaft von großer Bedeutung ist.

Sinn des Augenblicks// Beim Sinn des Augenblicks geht es darum, zu erkennen, was im Moment gerade geschieht. Egal, was es ist. Dem Sinn des Augenblicks kommen wir auf die Spur, wenn wir fragen: Was wird mir durch das, was jetzt gerade geschieht, möglich? Welche Option bietet mir die Situation, um mich als Mensch, die Umstehenden oder die Umstände weiterentwickeln zu können? Ein Beispiel: Als ich vor einiger Zeit mit der Bahn nach Bayern unterwegs war, erhielt ich per E-Mail die Nachricht, dass mein Anschlusszug in Hannover entfallen würde. Da ich im Kloster Münsterschwarzach ein Seminar geben wollte, bedeutete diese Nachricht, dass der Kurs deutlich später als geplant beginnen würde. Unter normalen Umständen wäre eine solche Situation ein Ärgernis. Doch der Ärger hätte nichts an der Situation geändert, ein Wutausbruch hätte sicher keinen Ersatzzug herbeigezaubert. Mit der Entscheidung, jeden Augenblick zu nutzen, um als Mensch zu wachsen, reagierte ich folgendermaßen: Innerlich dankte ich der Deutschen Bahn für die Möglichkeit, mich in Nachsicht und Geduld üben zu können.

Der Sinn des Augenblicks hat jedoch noch einen weiteren Aspekt, und er besteht darin, sich im Vorfeld Gedanken darüber zu machen, mit welcher Absicht ich zum Beispiel in ein Gespräch, in einen Termin oder einen Workshop gehe. Bei uns im Unternehmen haben wir uns darauf geeinigt, diese Absicht in Zwei-Wort-Sätzen zu formulieren. Die Absicht, mit der ich ein Gespräch führen will, könnte ich etwa so formulieren: Klarheit schaffen, Konflikte lösen, Menschen aufrichten, Gemeinschaft stärken et cetera. Und dann nutze ich die von mir selbst formulierte Absicht als Maßstab für das, was ich sage oder tue. Erfüllt das, was ich sage oder tue, meine Intention, mit der ich in dieses Gespräch hineingegangen bin? Wenn ich mich mit einem klaren Vorsatz in ein Gespräch begebe und diesen auch gegenüber meinem Partner formuliere, gewinnt das Gespräch an Klarheit, Struktur, aber auch an Effizienz.

Von daher besteht ein für mich wertvoller Aspekt im guten Umgang miteinander darin, dass wir uns innerhalb einer Gemeinschaft wieder und wieder darüber bewusst werden, mit welchem Ansinnen etwas geschieht oder wir etwas tun oder sagen. Hier erinnere ich mich an eine Besprechung mit vielen Beteiligten, deren Atmosphäre durch das gegenseitige Vorwerfen schuldhafter und kontraproduktiver Verhaltensmuster schon im Vorfeld arg vergiftet war. Es ging dabei um die bauliche Substanz eines unserer Hotels, in der die Auffassung über die Ursachen dieser Missstände nicht unterschiedlicher hätte sein können. Und so war nach langem Hin und Her ein Meeting anberaumt worden, in dem sich der Eigentümer, seine Juristen und Architekten sowie die Führung und Berater unseres Hotels zusammenfanden. Als ich zur finalen Vorbereitung dieses Treffens unseren Direktor aufsuchte, fragte ich ihn, mit welcher Absicht er in dieses Gespräch gehen möchte. Ich bat ihn darum, maximal zwei Worte für die Formulierung zu verwenden. So kurz vor dem Treffen war unser Direktor alles andere als begeistert, seine Absicht in einem Zwei-Wort-Satz zu formulieren. Nach ein paar Minuten der inneren Einkehr und reiflicher Überlegungen entschied er sich dann aber für die zwei Wörter: Klarheit schaffen. Und zwar Klarheit darüber, wie wir die Substanz des Hotels gemeinsam in den Zustand versetzen können, der den Anforderungen des Eigentümers und des Pächters gleichermaßen gerecht wird.

Und so gingen wir mit der Absicht, Klarheit zu schaffen, in diese Besprechung. Nachdem wir uns begrüßt und an den

Tisch gesetzt hatten, verschwendete einer der Juristen keine Zeit, kam gleich zur Sache, verlor sich dann aber doch schnell in psychologischen Mutmaßungen, bei denen es offensichtlich darum ging, sich ein bisschen aufzuplustern und uns einzuschüchtern, als dazu beizutragen, dem Gespräch einen sinnvollen Verlauf zu geben.

Der Direktor und ich schauten uns an, schnell gewannen wir den Eindruck, dass die Inszenierung der jeweiligen Kompetenzen (auch die anderen zogen nach) den Einzelnen vielleicht hervorgehoben hätte, diese jedoch für den weiteren Verlauf und die Erfüllung der von uns angedachten Absicht wenig Sinn ergab. Und so unterbrach ich das Poltern und ließ sämtliche Besprechungsteilnehmer an der Absicht teilhaben, mit der der Direktor und ich ins Gespräch gegangen waren. Ich fragte, ob sie mit dem von uns formulierten Vorsatz, Klarheit zu schaffen, einverstanden seien. Alle nickten. Und somit hatten wir für den Verlauf der Besprechung einen guten Maßstab. Denn immer dann, wenn jemand sich wieder darin verlor, anderen irgendeine Schuld zuzuweisen, konnte ich die nicht selten sehr emotional hervorgebrachten Ausführungen effektiv mit der Frage unterbinden, ob dieser Einlass jetzt dazu führe, Klarheit zu schaffen.

Nach einigen weiteren Ausbrüchen konnten wir dann doch erleben, dass der Verlauf des Gesprächs mit jedem Hinweis, worum es hier gehen sollte, an Sachlichkeit, Konstruktivität und Lösungsorientierung gewann. Durch die formulierte Absicht gab es einen Maßstab, der unserer Gruppe und mir dabei half, auf dem Weg zu bleiben, für den wir uns entschieden hatten. Und wäre es zu Beginn der Besprechung nicht möglich gewesen, eine gemeinsame Absicht zu finden oder zumindest die jeweiligen Absichten aufeinander abzustimmen, wäre es sinnlos gewesen, die Besprechung fortzuführen. Und was für ein Unternehmen, einen Workshop oder eine Besprechung gilt, gilt auch für Einzelgespräche. Die Frage, die ich für mich in jedem Fall vorher klären sollte, ist, mit welcher Absicht ich in ein Gespräch gehe. Geht es darum, Vertrauen zu gewinnen, Lösungen zu finden, Gemeinschaft zu stärken, Frieden zu stiften oder Hoffnung zu vermitteln?

Gemeinschaftssinn// Die dritte Sinn-Perspektive beschreibt das Unverzichtbare. Für das Führen einer Gemeinschaft besteht das Unverzichtbare in dem gemeinsamen Verständnis darüber, worum es geht, wofür sich die Gemeinschaft einsetzt und von welchen Werten sie getragen wird. Vielfach wird hier von einem Leitbild gesprochen, das wie eine Art Leuchtturm allen Beteiligten bei ihrer Arbeit und dem rechten Umgang miteinander den Weg weist. Das Leitbild übernimmt dabei auch ein wenig die Funktion eines Trainingsplans. Denn so, wie dieser den Athleten dabei hilft, ihren Trainingszielen ein Stück weit näher zu kommen, soll das Leitbild einer Gemeinschaft dabei helfen, Fähigkeiten und Gewohnheiten zu entwickeln, die dem gemeinsam formulierten Anspruch gerecht werden. Dabei gibt das Leitbild Sicherheit und Freiheit zugleich. Die Sicherheit, das Richtige zu tun, um sich dem Ziel zu nähern – und damit die Freiheit, sich nicht bei allem, was wir tun, hinterfragen zu müssen, ob das, was wir gerade tun, das Richtige ist. Doch Begriffe wie »Leitbild« oder »Werte« sind vielen Menschen zu abstrakt. Jeder glaubt zwar, zu verstehen, worum es bei ihnen geht, aber die wenigsten können sie mit Leben füllen.

Um ins Handeln zu kommen oder den eingeschlagenen Weg zu ebnen, kann es helfen, sich folgende Frage zu beantworten: Welche Fähigkeiten und Gewohnheiten müssen wir entwickeln und anwenden, um Werte unseres Leitbilds mit Leben zu erfüllen? Werte beschreiben das Ideal, während die Fähigkeiten es ermöglichen, das Ideal tatsächlich zu leben. Die Aufgabe der Führungskraft besteht somit darin, aus Werten Fähigkeiten zu entwickeln. Bei sich selbst und bei den Mitarbeitern. Ein Leitbild, in dem Werte aufgeführt werden, beschreibt beispielsweise das, wonach sich die Mitarbeiter sehnen, was ihrem Empfinden nach für den Moment ideal wäre.

Werden die Werte oder Haltungen entsprechend formuliert, sind diese in ein Verhalten zu wandeln. Wert und Fähigkeit verhalten sich also so zueinander wie Haltung und Verhalten. Die Haltung beschreibt das Ideal, während sich das Verhalten im Alltag offenbart, das Verhalten also die Haltung im Alltag manifestiert.

Werte, die nicht gelebt werden, sind wertlos. Der formulierte Wert führt zunächst zu nichts. Erst wenn aus dem Wert eine Fähigkeit wird, eine, die wir sooft es uns möglich ist einsetzen, wird das zu einer Veränderung führen. Werte sind wertlos, wenn sie nicht gelebt werden, aber um sie zu leben, bedarf es der Fähigkeit, sie leben zu können. Aus diesem Grund zeigt sich Führung darin, Fähigkeiten zu entwickeln, die den gemeinsam formulierten Werten gerecht werden. Neue Führung umfasst in dieser Hinsicht auch die Funktion, sich selbst und die Geführten dabei zu unterstützen, die Kompetenzen und Gewohnheiten zu entwickeln, die sie brauchen, um das leben zu können, was ihnen als Menschen wirklich wichtig ist.

Ein Wert formuliert nicht nur etwas, was mir wichtig erscheint, sondern ebenso den Anspruch an ein Können. Denn nur weil mir etwas wertvoll erscheint, heißt das noch lange nicht, dass ich das lebe, was mir wichtig ist. Die Voraussetzung dafür, das zu leben, was mir wichtig ist, zeigt sich also nicht nur im Wert, sondern auch in der Fähigkeit, es zu tun. Wenn ich etwa Vertrauen als Wert formuliere, sagt das zunächst einmal aus, dass mir Vertrauen wichtig ist. Aber nur weil es mir wichtig ist, bedeutet das nicht, das ich die Kompetenz besitze, mir selbst und anderen vertrauen zu können oder anderen gegenüber vertrauensvoll zu sein. Ein Wert formuliert also immer den Anspruch an eine Fähigkeit, die es zu entwickeln gilt. Wenn Vertrauen zum Beispiel für mich ein Wert ist, der mir wertvoll erscheint, ich aber nicht die Fähigkeit besitze, vertrauen zu können, ändert sich für mich nichts in meinem Leben. Und von daher besteht eine wichtige Aufgabe der neuen Führung, aber ebenso der Selbstführung, darin, Kompetenzen und Gewohnheiten zu entwickeln, um die Werte, die mir wertvoll erscheinen, auch tatsächlich leben zu können.

Nochmals sei an ein Training erinnert. Das Leitbild mit seinen Werten beschreibt das Trainingsziel. Die Führungskraft achtet nun im täglichen Umgang darauf, dass im Alltag auch die Fähigkeiten entwickelt werden, die es braucht, um die Werte spürbar und sichtbar zu machen. Führung bedeutet also, Fähigkeiten zu entwickeln, die in der Gemeinschaft dazu führen, gemeinsam Ziele zu erreichen. Und je nachdem, wie sich die Umstände darstellen, bedarf es völlig unterschiedlicher Abhängigkeiten. Manchmal geht es um die Fähigkeit, Prozesse dezent zu gestalten, in anderen Situationen darum, sich für das Neue begeistern zu können. Führung besagt, sich dem Aufbau einer menschlichen Gemeinschaft zu widmen. Und das meint, die Gemeinschaft immer wieder daran zu erinnern, worum es geht, damit jeder Einzelne dabei unterstützt wird, aus den Werten Fähigkeiten zu entwickeln, die die Werte im Alltag mit Leben erfüllen. Denn nicht gelebte Werte sind so bedeutungslos wie aus den Augen verlorene Visionen, die sich aus dem Bewusstsein einer Gemeinschaft geschlichen haben. Somit steht und fällt die Gemeinschaft mit einer Führungskraft, der es gelingt, die Menschen immer wieder an eine Einheit in der Vielfalt zu erinnern.

Bei uns im Unternehmen entstand Gemeinschaft durch meinen durch die Mitarbeiterbefragung ausgelösten Gesinnungswechsel. Doch nur weil ich meine Berufung darin erkannt habe, Menschen zu stärken, hieß das noch längst nicht, dass sich alle Mitarbeiter nach meiner Vision auszurichten hatten. Hatte jemand für sich erkannt, dass es nicht das Stärken von Menschen, sondern das Friedenstiften war, was ihn ansprach, war das vollkommen in Ordnung. Denn diejenigen, die den Sinn ihres Lebens darin erkannt haben, Frieden stiften zu wollen, leisten ebenso einen Beitrag dazu, dass Menschen gestärkt werden. Zumindest dann, wenn ihnen die Möglichkeit gegeben wird, sich für den Frieden in einer Gemeinschaft einzusetzen.

Eine Einheit in der Vielfalt finden wir in dem Moment, in dem es uns gelingt, zwischen dem, was für die Gemeinschaft zählt, und dem, was für den Einzelnen wichtig ist, eine Verbindung herzustellen. Was erfordert, dass möglichst viele für sich erkennen, wofür ihr Leben steht. Und dieses Wofür gilt es, in Zwei-Wort-Sätzen auszudrücken: Gerechtigkeit schaffen, Sicherheit geben, Geborgenheit schaffen, Wachstum ermöglichen, Gemeinschaft fördern, Bildung ermöglichen und so weiter. In einem zweiten Schritt schauen wir dann, wo und wie sich das, was dem Einzelnen von großer Bedeutung ist, auch auf die in einem Zwei-Wort-Satz formulierte Gesinnung des Unternehmens »einzahlt«.

Doch wie sieht die Verbindung dieser unterschiedlichen »Sinnebenen« in der Praxis aus? Bei uns lässt sich das gut an unserem Unternehmensleitbild, dem Upstalsboom-Wertebaum, aufzeigen. Seine Erarbeitung unterscheidet sich deutlich von allen mir bisher bekannt gewordenen Leitbildprozessen. Die Upstalsboom Wegbegleiter werden sehr häufig angefragt, um den Leitbildprozess in Unternehmen zu begleiten. Doch in der Regel werden wir erst dann hinzugezogen, wenn sich der Vorstand, der Inhaber oder der Chef mit einer kleinen, meist elitären Gruppe aus dem Board, der Personalentwicklung oder in Zusammenarbeit mit einer Werbeagentur auf einen Wertekanon verständigt haben. Bei dem geht es dann nur noch darum, die Mitarbeiter dafür zu begeistern oder sie zumindest abzuholen und entsprechend zu schulen. Da wird dann das Leitbild nur noch ausgerollt. Die Erfahrung, die wir mit dieser Vorgehensweise gemacht haben, ist, dass der Leitbild- und damit einhergehende Transformationsprozess früher oder später zum Erliegen kommt oder die Leitbilder vielfach in der Schublade verstauben, als dass sie mit Leben gefüllt werden. Diese Vorgehensweise ist auch der Grund, weshalb wir über 90 Prozent der an uns gestellten Anfragen zur Begleitung des Leitbildprozesses absagen.

Die Erarbeitung und Kultivierung unseres Leitbilds sahen da ein bisschen anders aus:

- In einem ersten Schritt ging es um die universelle und persönliche Sinn-Perspektive. Diese bestand in der Entwicklung und dem Aufbau unserer Upstalsboom-Curricula, die überwiegend von Selbstführung handelten, davon, sich selbst besser kennenzulernen, um herauszufinden, worum es mir im Leben geht und was für mich wirklich wichtig ist. Im Nachhinein betrachtet haben wir mit der Entwicklung der Curricula schon 2011 begonnen, damit, die von Frithjof Bergmann geforderten Zentren neuer Arbeit zu gestalten. Die Mitarbeiter haben als Teilnehmer eines solchen Curriculums als Ergebnis ein persönliches Leitbild, bei dem sie die für sie wichtigen Werte, Eigenschaften und Fähigkeiten nicht nur erkannt, sondern auch formuliert haben. Wesentlicher Teil des persönlichen Leitbilds bildet dabei der Zwei-Wort-Satz, der zum Ausdruck bringen soll, worum es dem einzelnen Mitarbeiter in seinem Leben wirklich geht. Das Leitbild ist ein individueller Kompass, der bei den täglichen Entscheidungen als Maßstab dient und Orientierung schenkt.
- Im zweiten Schritt wurde auf Basis der einzelnen Perspektiven ein gemeinsames Verständnis entwickelt. Nachdem rund 20 Prozent aller Mitarbeiter ein Curriculum durchlaufen hatten, erarbeiteten wir auf Grundlage aller persön-

lichen Leitbilder das Unternehmensleitbild, den Upstalsboom-Wertebaum. Das geschah in unserer Entwicklungswerkstatt, die auch heute noch einmal im Jahr stattfindet und an der 100 bis 120 Upstalsboomer und Upstalsboomer auf Zeit (unsere Besucher) teilnehmen. Wenn man so will, ist unser Wertebaum nichts anderes als die Quintessenz der persönlichen Leitbilder unserer Mitarbeiter und nicht irgendeine Vorgabe der Geschäftsführung. Das Einzige, was ich eingebracht habe, war, dass wir uns daran orientieren sollten, Menschen zu stärken. Für alles andere war der Prozess vollkommen offen. Die Auswahl der Werte und das gemeinsame Verständnis der Verhaltensweisen, die für das Leben der Werte erforderlich sind, wurden gemeinsam erarbeitet und demokratisch verabschiedet. Und das war für mich zum Teil nur schwer auszuhalten. Ich erinnere mich noch gut, als ich am Abend des ersten Workshop-Tages mit Oliver Haas zusammensaß und wir darüber sprachen, was denn zu machen sei, sollte sich das Ergebnis ganz anders entwickeln, als ich es mir vorstelle. Oliver sagte: »Würde es wirklich so sein, dass deine Interessen und die deiner Mitarbeiter völlig gegensätzlich sind, wäre das ein gesundes Sichtbarwerden eurer Differenzen. Es würden die Mitarbeiter dann ohnehin alles so machen, wie sie es sich vorstellen, und nicht, wie du es dir vorstellst. Genau darum geht es im Kern. Sich dafür zu interessieren, was die anderen denken. Um darüber ins Gespräch zu kommen. Dieser Dialog wird ausschließlich ein Gewinn sein. Es geht nicht darum, deinen eigenen Standpunkt durchzudrücken, sondern die Sicherheit im Dialog zu finden. Dass Führungskräfte und Mitarbeiter sich als Einheit begreifen, obwohl alle von ihnen unterschiedlich sind und sein dürfen. Das ist der echte Nutzen von Diversity.«

- Im Rahmen der Kultivierung unseres Leitbilds bestand eine der Maßnahmen darin, dass Mitarbeiter einen Wert aus dem Wertebaum wählen sollten, einen, der zu ihnen passt, der sie anspricht oder für dessen Umsetzung sie sich einbringen wollen. Abgesehen davon, dass es sich bei der Umsetzung um einen freiwilligen Beitrag handelte, fiel den meisten Mitarbeitern die Auswahl »ihres« Werts sehr leicht. Denn der Wertebaum war ja ein Resümee dessen, was ihnen wirklich wichtig ist. Und so wurden wir mit diesem dritten Schritt wieder der persönlichen Perspektive der Mitarbeiter gerecht.

Ein solcher Prozess ist sehr aufwendig und für ungeduldige Menschen, und das sind die meisten, die uns im Unternehmenskontext begegnen, schwer auszuhalten. Von daher haben wir einen Weg gefunden, den ersten und zweiten Schritt ein wenig abzukürzen. Anstatt die Werte aus den unterschiedlichen persönlichen Lebensgeschichten herauszuarbeiten, haben wir eine ähnliche Arbeit mit einem Gesamtteam oder den einzelnen Abteilungen eines Unternehmens vollzogen. Hierfür haben wir die Teams in einem gemeinsamen Workshop zusammengezogen und auf Basis einer Übung, die sich Timeline nennt, die Geschichte der Teams so weit gemeinsam aufgearbeitet und aufbereitet, dass alle Beteiligten sich im Anschluss darüber im Klaren waren, welche Werte, Eigenschaften und Ressourcen die »Persönlichkeit« des jeweiligen Teams ausmachten. Damit sind wir dann in den Prozess einer Werte-Auswahl gegangen, die das Fundament für die Zusammenarbeit des jeweiligen Teams oder des ganzen Unternehmens bilden sollte.

Wie der Weg auch aussieht, wichtig ist, dass alle Beteiligten nicht nur einen Wert identifizieren, der für sie von besonderer Bedeutung ist und für den sie sich einsetzen wollen, sondern zudem ein gemeinsames Verständnis finden, was dieser Wert für sie bedeutet. Und dass es bei einem gemeinsamen Verständnis nicht um richtig oder falsch geht, eher darum, auf welche Interpretation wir uns verständigen: »Diesem Wert sprechen wir innerhalb unserer Gemeinschaft diese oder jene Bedeutung zu.«

Entscheidend sind das gemeinsame Verständnis und das gemeinsame Wollen. Denn wenn ich eine Anzahl Menschen danach frage, wie sie den einen oder anderen Wert interpretieren, werde ich völlig unterschiedliche Antworten bekommen.

Herausforderungen meistern// Eine starke Gemeinschaft wird auch bedingt durch das rechte Maß! Starke Gemeinschaften erlebe ich überall dort im Unternehmen, wo es den Führungskräften gelungen ist, das Maß der zu lösenden oder zu bewältigen Aufgaben so zu bemessen, dass der Einzelne im Team mit der Aufgabe zwar überfordert wäre, aber es gemeinsam dann doch gut zu schaffen ist. Was für den Einzelnen eine Überforderung mit sich bringt, bedeutet für die Gemeinschaft »nur« eine Herausforderung. Und bei aller Herausforderung muss es auch immer wieder Pausen geben, Zeit, in denen die Beteiligten ihre »Wunden lecken« können.

Das Geheimnis dieser starken Gemeinschaften liegt nicht im Miteinander, sondern im Füreinander. Und eine Aufgabe von Führung besteht darin, ein Team auf seinem Weg vom Miteinander zum Füreinander zu begleiten. Dieses Füreinander erlebe ich besonders in vielen unserer Housekeeping-Teams. Diese teilen sich die zu reinigenden Zimmer häufig etagenweise auf. Nun ist die Belegung in einem Hotel nicht immer gleichmäßig verteilt, sodass es durchaus passieren kann, dass für eines der Zimmermädchen die Anzahl der Zimmer nicht zu schaffen ist. Sie wäre mit ihrer Etage überfordert. Doch in vielen dieser Teams existiert ein ungeschriebenes Gesetz: Sobald jemand auf seiner Etage mit der Reinigung seiner Zimmer fertig ist, macht er sich auf zu den anderen Etagen, um zu schauen, wo noch Unterstützung gebraucht wird. Jeder fühlt sich also nicht nur für die Fertigstellung seiner Etage verantwortlich, sondern sieht das Tageswerk erst dann erfüllt, wenn sämtliche Zimmer gereinigt sind. Dieses ungeschriebene Gesetz schenkt jedem Einzelnen im Team das Gefühl, es gemeinsam schaffen zu können.

Als ich Solveig, ein Zimmermädchen, einmal nach dem Geheimnis ihres unfassbar starken Teams, nach dem Geheimnis ihrer Stärke fragte, sagte sie: »Das ist ganz einfach: Wir sind füreinander da. Wir arbeiten nicht nur miteinander, sondern füreinander. Also, wenn du in der Hauptsaison weißt, dass du das alleine nicht schaffen kannst, weil dich das alleine total überfordert, du aber ein Team an deiner Seite hast, das erst Ruhe gibt, wenn alles erledigt ist, schweißt das zusammen. ›Viele Hände, schnelles Ende‹, das ist unser Geheimnis. Ich glaube, in dem Moment, in dem im Team das Gefühl entsteht, dass jemand ohne den anderen zurechtkommt, täte das der Gemeinschaft nicht gut. Für eine starke Gemeinschaft ist es wichtig, dass jeder gebraucht wird. Mich persönlich motiviert jedenfalls das Gefühl, gebraucht zu werden, total.«

Was für die Über- und Unterforderung gilt, gilt auch für die Rahmenbedingungen und Umstände, in denen sich ein Team bewegt. Wie schon angedeutet, hatten wir in einem Hotel genau die Arbeitsbedingungen geschaffen, die die Mitarbeiter sich gewünscht hatten. Jeder Wunsch wurde ihnen von den Augen abgelesen. Wir hatten die Hoffnung, wir könnten mit den paradiesischen Rahmenbedingungen dazu beitragen, dass die Zufriedenheit der Mitarbeiter steigt. Doch wir erlebten eine in unseren Augen paradoxe Entwicklung. Denn es trat genau das Gegenteil von dem ein, was wir uns erhofft hatten.

Es dauerte nicht lange, und wir erlebten Menschen, die mehr über ihre Ansprüche und Rechte diskutierten, als sich Gedanken darüber zu machen, wie wir gemeinsam eine Herausforderung meistern können. Eine Gemeinschaft wird von den Menschen vergiftet, die fortwährend kritisieren, ohne sich selbst zu bemühen. Das Füreinander entwickelte sich zum Miteinander, und aus dem Miteinander wurde zum Schluss sogar ein Gegeneinander. Das Team brach auseinander, die Kosten stiegen, und die Produktivität sank.

Wir gewannen aus dieser Entwicklung viele Erkenntnisse. Bei der Führung von Menschen geht es weder darum, sich vor den Karren einer Zufriedenheit der Mitarbeiter spannen zu lassen, noch darum, bei ihnen beliebt zu sein. Ich selbst bekomme mittlerweile häufig zu hören, dass ich furchtbar unbequem, für manche sogar so unbequem bin, dass sie immer mal wieder richtig genervt von mir sind oder sogar gehen. Das ist meistens dann der Fall, wenn sie nicht wirklich daran interessiert waren, an sich zu arbeiten. Von den anderen höre ich Sätze wie: »In der letzten Zeit war es super anstrengend, aber wenn ich zurückschaue, hat sich unvorstellbar viel entwickelt.«

Meine Aufgabe ist es nicht, beliebt zu sein. Meine Aufgabe ist es, die Menschen dabei zu unterstützen zu wachsen. Und das funktioniert nur mit der Einstellung, dass sie auch wirklich wachsen wollen. Wenn ich mit der Absicht in eine Situation gehe, Menschen dabei zu unterstützen, stark zu werden, kann ich auch autoritär sein. Wenn ich weiß, dieser Mensch braucht in diesem Moment Autorität, um zu wachsen, dann ist sie keine, um andere kleinzumachen und mich größer zu fühlen. Das ist ein großer Unterschied.

Letztlich lässt sich die Erkenntnis, die wir aus dieser Entwicklung gewonnen haben, in einem Satz formulieren: Je größer der Wohlstand, desto kleiner die Gemeinschaft. In den Sinn kam er mir während der letzten »Tour des Lebens«, als wir mit unseren Auszubildenden nach Ruanda reisten. Ruanda gehört zu den ärmsten Ländern der Welt, doch das, was wir dort erleben durften, war eine unglaubliche Gemeinschaft. So beobachtete ich öfter auf meinem täglichen Weg zu einer Baustelle – einige Azubis und ich unterstützten die Bevölkerung dabei, ein Haus für eine ältere obdachlose Frau zu errichten – eine Gruppe von etwa zwanzig jungen Frauen, die sich regelmäßig unter einem Baum trafen. Auf die Frage, was sie dort miteinander besprechen oder verhandeln würden, bekam ich folgende Antwort von einem Einheimischen: »Bei den Frauen handelt es sich überwiegend um junge alleinerziehende Mütter, die zweimal in der Woche an dieser Stelle zusammenkommen, um einer von ihnen etwas Wichtiges, vielleicht sogar Überlebenswichtiges zu ermöglichen. Etwas, was sie sich, allein auf sich selbst gestellt, nie leisten könnte. Jede dieser Frauen bringt zu diesem Treffen 1000 Ruanda-Francs mit, in etwa 80 Cent. Das Geld wird eingesammelt und in der Mitte der Frauenrunde platziert. Danach beginnen die einzelnen Frauen ihre Anliegen vorzutragen. Die eine braucht eine neue Schuluniform für ihr Kind, die andere muss mit ihrem Sohn zum Arzt, wieder eine andere muss das Dach ihrer dürftigen Bleibe reparieren lassen, weil es hineinregnet, einer weiteren ist die Ziege gestohlen worden. Anschließend wird darüber diskutiert, welches Anliegen an diesem Tag das wichtigste ist und welche Frau das Geld in der Mitte des Kreises bekommt.«

Die Ärztin, Uta Düll, die wir in Ruanda unterstützten, erzählte uns noch Genaueres über das konkrete Vorgehen dieser Minispargruppen, die Amatsinda genannt werden: »In der Regel setzen sich Nachbarn oder Kollegen, so auch unser Personal, zusammen und beschließen, wie viel jeder wöchentlich oder monatlich einzahlt, etwa 200 Ruanda-Francs pro Woche oder bis fünf Prozent des monatlichen Gehalts. Regelmäßig trifft man sich dann, Nachbarn einmal wöchentlich, unser Personal in einem dreimonatigen Abstand. Wer einen zinslosen Kredit aus dem gemeinsam Angesparten braucht, begründet seine Bitte. Es wird gemeinsam diskutiert und abgestimmt, wer den Kredit bekommt und wie er zurückgezahlt werden muss. Natürlich hängt die Höhe des möglichen Kredits vom Vermögen der Gruppe ab; wo wenig eingezahlt wird, gibt es nur wenig Geld. Das Geld wird auf einer der Mikrofinanz-Banken eingezahlt und bringt auch etwas Zinsen. Am Ende des Jahres werden die Zinsen unter den Gruppenmitgliedern aufgeteilt.«

Das Gehörte beeindruckte mich zutiefst. Es waren für mich Beispiele, dass etwas, was die Möglichkeit des Einzelnen übersteigt, in der Gemeinschaft nicht nur gelöst werden kann, sondern eine Gemeinschaft auch wirklich stärkt. Was ich überall in Ruanda erlebt habe, ist der Geist des Wir. Eine große Solidarität, in der die unterschiedlichsten Menschen zu einer Großfamilie, zu einem Kollektiv verschmelzen. Hilfsbedürftigkeit war hier keine Schande, sondern ein Recht. Ein Recht, durch das in gegenseitiger Abhängigkeit ein Zusammenleben entsteht, das die wenigsten Menschen einer Wohlstandsgesellschaft jemals für sich erfahren werden, da die Bedeutung von Werten wie Mitgefühl, Selbstlosigkeit und Nächstenliebe in ihr vielfach in Vergessenheit geraten sind. Aber wie können auch Menschen in einer Gesellschaft damit in Berührung kommen, in der Selbstverwirklichung und Unabhängigkeit als Tugenden gelten und das Individuum und seine Freiheit das höchste Gut sind? Denn bei der Bewältigung der Herausforderungen von morgen werden Selbstverwirklichung und Unabhängigkeit uns genauso wenig weiterhelfen wie der nicht enden wollende Drang nach äußerer Freiheit. Wenn der Einzelne alles hat, was er für sein bequemes Leben braucht, gibt es für ihn keinen Grund mehr, eine Gemeinschaft mit Leben zu erfüllen.

Viele von uns Upstalsboomern hatten in den letzten Jahren das Glück, dass wir durch Begegnungen mit Bewohnern Ruandas so etwas wie Nachhilfeunterricht in dieser afrikanischen Lebensphilosophie bekamen, die sich am besten mit dem Begriff »Menschlichkeit« übersetzen lässt. Und so wundert es mich inzwischen nicht mehr, wenn ich in Teilen unseres Unternehmens einen Hauch dieser starken Gemeinschaft erlebe, wie wir sie im »Land der tausend Hügel« erfahren durften.

Vierte Quelle// Die vierte Quelle für eine starke Gemeinschaft liegt in der Art und Weise, wie wir eine Entscheidung treffen. Neben der Antwort auf die Frage, wofür wir uns einsetzen, ist die Antwort auf die Frage, wie wir Entscheidungen treffen, maßgeblich für die Stärke einer Gemeinschaft verantwortlich. Dabei ist nicht so ausschlaggebend, was wir entscheiden, sondern wie wir entscheiden. Und meine Erinnerungen an die Ergebnisse der Mitarbeiterbefragung unterstreichen diese Erfahrung. Schon damals hieß es: »Es wird über unsere Köpfe hinweg entschieden«, »Wir bekommen keine Möglichkeit, uns an der Entwicklung zu beteiligen«, »Wir fühlen uns ohnmächtig«. Oder: »Wir sind der Willkür und den Launen unserer Vorgesetzten ausgeliefert.« All diese Aussagen sind nicht nur Ausdruck einer Unzufriedenheit, vielmehr auch für ein gestörtes Verhältnis zwischen Mitarbeitern und Vorgesetzten.

Was Menschen, ihre Beziehung zueinander und damit die Gemeinschaft dagegen stärkt, ist das Gefühl, eingebunden zu sein, sich beteiligen oder selbstbestimmt handeln zu können. Doch Selbstbestimmung reduziert sich auf das, worüber wir verfügen können, was in unserer Macht steht, was wir machen können. Wir können bestimmen, wie wir mit unseren Gedanken umgehen, welche Entscheidungen wir treffen und welches Verhalten wir an den Tag legen. Auf die Gedanken, Entscheidungen und Verhaltensweisen anderer können wir zwar Einfluss nehmen, aber darüber entscheiden, was andere denken, fühlen oder wie sie handeln, das können wir nicht. Versuchen wir es dennoch, versuchen wir etwas mit aller Macht durchzusetzen, macht das auf Dauer krank – den Menschen, die Beziehung, die Gemeinschaft. Wollen wir anderen unseren Willen aufzwingen, führt das in der Regel zu

Konflikten. Im Verhältnis von Führenden und Geführten geht es also weniger darum, Menschen mit dem zu konfrontieren, was sie zu tun haben, sondern vielmehr darum, sie selbst erkennen zu lassen. Erkennen, was in diesem Moment oder im Umgang miteinander das Richtige ist.

Seit gut eineinhalb Jahren begleite ich das Team des Gästehauses in der Abtei Münsterschwarzach nach einem Führungswechsel auf seinem Weg, sich gut für die Zukunft aufzustellen. Nachdem wir das erste halbe Jahr darauf verwendeten, gemeinsam das unverzichtbare Leitbild zu erarbeiten, machten wir uns an die Entwicklung und Einführung essenzieller Standards oder Regeln, die die Gemeinschaft stärken. Erster Standard, der für das gesamte Team Gültigkeit haben sollte, war die Vorgehensweise, wie Entscheidungen zukünftig getroffen werden sollten. Und da wir uns in einem Gästehaus der Benediktiner befanden, lag es nahe, dass die Entscheidungen dort zukünftig so getroffen werden, wie es *Die Regel des heiligen Benedikt* vorsieht.

Ich bat die Hausleitung, einen Workshop vorzubereiten, in dem dieser Standard in das Team eingeführt werden sollte. In der Vorbesprechung dazu wurde mir eine Präsentation über den bisherigen Transformationsprozess vorgestellt, danach hatte ich das Kapitel aus der *Regel* zu vermitteln, in dem es darum geht, wie Entscheidungen getroffen werden sollten. Meine bisherigen Erfahrungen bei der Entwicklung und Einführungen von Werten, Prozessen oder Standards haben gezeigt, dass ein Team nicht gerne etwas vorgesetzt bekommt. Viel lieber will es Teil dessen sein, worum es geht. Und die Voraussetzung dafür, dass sie sich mit etwas verbunden fühlen, ist, dass sie sich in dem Ergebnis persönlich wiederfinden. Bei der Erarbeitung des gemeinsamen Leitbilds waren wir auch so vorgegangen.

Und so fragte ich den Vorgesetzten des Teams: »David, wenn du deinem Team den zukünftigen Entscheidungsprozess hier im Workshop mit Unterstützung dieser Präsentation auftischst – wie groß wird die Resonanz sein, wie die Bereitschaft der Mitarbeiter ausfallen, eine 1500 Jahre alte Regel in ihren Arbeitsalltag einzuführen?«

»Ich weiß es nicht, aber vielleicht nicht ganz so groß, oder?«, erwiderte David.

»Gut möglich«, sagte ich und fuhr fort: »Wenn du dir das Kapitel, in dem es um die zu treffenden Entscheidungen im Kloster geht, noch einmal anschaust, wie würdest du dann versuchen, diesen Entscheidungsprozess einzuführen?«

»Ich würde ihn vorstellen, Fragen formulieren, Rat erbitten und mich anschließend zurückziehen, in mich gehen und unter Würdigung des Gehörten versuchen, eine weise Entscheidung zu treffen.«

»Klingt nach einem Weg. Wollen wir das für den Workshop so ausprobieren?«

»Gern. Aber gehen wir dann nicht das Risiko ein, dass die Mitarbeiter gar nicht wollen, dass Entscheidungen zukünftig auf diese Art und Weise getroffen werden sollen?« David sah mich skeptisch an.

»Möglich, aber die Antwort darauf werden wir nicht hier am Tisch finden, sondern nur dadurch, indem wir es ausprobieren. Was meinst du? Wagen wir es?«

»Ja, lass es uns versuchen. Aber wie stellen wir das an?«

»Wenn es dir recht ist, David, werde ich noch eine Übung vorbereiten, mit der wir in den Workshop gehen. Ich lasse sie dir vorher zukommen, und du schaust, ob das für dich so stimmig ist oder du vielleicht noch etwas ändern möchtest. Okay?«

»Okay!«

Für die Übung nahm ich, wie auch bei uns im Unternehmen üblich, eine bezeichnende Passage aus der *Regel*, formulierte Fragen, stellte alles auf einem Blatt Papier zusammen und schickte es David. Er war mit allem einverstanden, und so gingen wir mit der Übung in den Mitarbeiter-Workshop:

GRUPPENARBEIT

Schwerpunkt Gemeinschaft/Regeln sollen der Gemeinschaft eine Ordnung geben/Entscheidungen treffen/Miteinander sprechen/Sich gegenseitig respektieren.

Auszug aus der *Regel des heiligen Benedikt*
»Einberufung der Brüder zum Rat« (RB 3)
Sooft im Kloster wichtige Fragen zu behandeln sind, rufe der Abt die ganze Gemeinschaft zusammen und lege selber dar, um was es geht.

Hat er den Rat der Brüder gehört, überlege er alles bei sich selbst und tue, was er für zuträglicher hält.

Wir haben aber deshalb bestimmt, dass alle zur Beratung einberufen werden, weil der Herr oft einem Jüngeren offenbart, was das Bessere ist.

Fragen:
Wie verstehst du den oben zitierten Text aus der *Regel des heiligen Benedikt*?

____

____

____

____

Wozu dient die Entscheidung innerhalb einer Gemeinschaft?

____

____

Wie würdest du die Aussage: »Ohne Entscheidungen keine Gemeinschaft« mit deinen Worten beschreiben?

Worin unterscheidet sich das Treffen einer Entscheidung in der *Regel des heiligen Benedikt* (RB 3) von dem allgemeinen Verständnis: »Wir entscheiden gemeinsam«?

Nachdem die Mitarbeiter von David in das Thema eingeführt worden waren, bildeten sie Vierergruppen. Zunächst beschäftigte sich jeder für sich mit dem Text, den Fragen und fand seine Antworten. Danach gingen die Beteiligten in ihren Kleingruppen ins Gespräch, um ihre Antworten, Sichtweisen und Erfahrungen auszutauschen. Im Anschluss daran kamen die zwanzig Teilnehmer wieder zusammen, und wir starteten eine Feedbackrunde, in der nicht mehr diskutiert wurde, sondern jeder die Gedanken teilen konnte, die ihn nach dem Gespräch in der Kleingruppe bewegten. Es sprach immer nur einer und zwar der Reihe nach. Alle anderen hörten genau zu. Nachdem wir die erste Runde vollendet hatten, gingen wir gemeinsam in die Stille, um das Vernommene zu verinnerlichen. Als Nächstes folgte eine zweite Feedback-Runde, begleitet von der Frage: »Wie sinnvoll ist die benediktinische Form der Entscheidungsfindung für dieses Team?«

Die Rückmeldungen waren sehr eindeutig, und alle sprachen sich dafür aus, Entscheidungen in Zukunft so herbeizuführen, wie es in der *Regel* formuliert war.

Und so sah der Standard aus, der sich in der finalen Ausarbeitung daraus entwickelte, hier in der Upstalsboom-Version:

	Upstalsboom-Entscheidungen	Seite: 236 von 244	20.02.2023
	(Dieser Standard gilt für alle Upstalsboomer)		

Nr.	Standard
	Grundlage unserer Entscheidungsfindung ist das 3. Kapitel der Benedikt-Regel: ***»Einberufung der Brüder zum Rat«***
1.	Das Grundprinzip für das Treffen von Entscheidungen lautet: **Aus Betroffenen Beteiligte machen!**
2.	Dies gilt insbesondere für wichtige Entscheidungen. Wichtige Entscheidungen sind Entscheidungen, die sich nachhaltig auf das Verhalten oder den Arbeitsbereich anderer Upstalsboomer auswirken. Wichtige Entscheidungen sind überdies Entscheidungen, die sich nachhaltig auf unsere Kultur, unsere Wirtschaftlichkeit und unseren Ruf in der Öffentlichkeit auswirken.

Nr.	Standard
3.	Folgende Vorgehensweise beschreibt unseren **grundsätzlichen Weg** zu einer Entscheidung: 1. Der Entscheidungsträger[1] legt das zur Entscheidung anstehende Anliegen der Gruppe potenziell betroffener Upstalsboomer dar. 2. Der Entscheidungsträger bittet die Gruppe um Rat, indem er sie mit Blick auf die zu treffende Entscheidung nach Chancen und Risiken befragt. 3. Nach den Rückmeldungen aus der Gruppe zieht sich der Entscheidungsträger zurück, um in Ruhe seine Entscheidung zu finden. 4. Sollte sich die Klarheit für eine Entscheidung nicht nach der ersten Beratungsrunde eingestellt haben, kann der Entscheidungsträger weitere Male die Betroffenen/Beteiligten zum Rat einberufen.
4.	Wer nicht an der Informationsrunde teilnehmen kann, benennt einen Vertreter oder eine Vertreterin.
5.	Die zu besprechenden Themen werden schriftlich angekündigt und hängen an der Rezeption aus. Das spontane Einbringen von Themen ist immer möglich.
6.	In der Informationsrunde legt der Entscheidungsträger dem Team dar, um was es geht, und fragt nach euren Gedanken und Impulsen dazu.
7.	Jeder hat die Möglichkeit, seine Erfahrung und seine Position in der Sache vorzubringen und den Entscheidungsträger zu beraten.
8.	Nur konstruktive Vorschläge bringen eine Weiterentwicklung. Das Formulieren konkreter Chancen und Risiken wiegt gegenüber einer persönlichen Meinung deutlich schwerer.
9.	Schweigen symbolisiert Zustimmung.
10.	Entscheidungen und die Absicht dieser Entscheidung werden schriftlich festgehalten und kommuniziert.
11.	Eine Entscheidung hat solange Geltung, bis sie durch einen Verbesserungsvorschlag neu entschieden wird.

1 Entscheidungsträger sind Führungskräfte (mit Personalverantwortung) oder diejenigen, die vom Team dazu berufen und von der Führungskraft bestätigt wurden.

Durch diese Vorgehensweise konnten wir nicht nur bei uns im Unternehmen, sondern auch im Gästehaus einen neuen Standard einführen und innerhalb des Teams für eine breite Akzeptanz sorgen. Sie entstand, weil die einzelnen Beteiligten die Möglichkeit bekommen hatten, sich selbst einzubringen. Hätte es sie noch nicht gegeben, hätte David weiter an dem Ergebnis arbeiten müssen und zwar so lange, bis er das Gefühl entwickelt hätte, dass die Entscheidung reif sei.

In einem weiteren Schritt ging es darum, herauszufinden, wer zukünftig welche Entscheidungen trifft. Aber völlig unabhängig davon, die Vorgehensweise, wie Entscheidungen getroffen werden, blieb davon unbenommen. Und zwar ausnahmslos. Das war auch die Herausforderung für die Zukunft. Denn die Führungskräfte – im weiteren Verlauf wurden dann vom Team weitere Entscheidungsträger identifiziert –, die es bisher gewohnt waren, ihre Entscheidungen genauso spontan wie einsam zu treffen, mussten plötzlich völlig neue Gewohnheiten entwickeln. Und jeder weiß, wie schwer es ist, sich auf neue Gewohnheiten einzulassen.

Genau an diesem Punkt setzt die Führung der Zukunft an. Menschen dabei zu helfen, neue, der Gemeinschaft dienliche Gewohnheiten zu entwickeln und zu bewahren. Für mich entstand daraus die Erkenntnis, dass es ohne Führung schwer wird, eine starke Gemeinschaft zu entwickeln. Die Gemeinschaft gehört der Gemeinschaft. Und im Rahmen der neuen Führung sind die Entscheidungen einer Führungskraft darauf ausgerichtet, die Gemeinschaft zu erhalten, besser noch zu stärken. Es braucht das letzte Wort, das die Gemeinschaft vor dem Verfall bewahrt.

»Eine Gemeinschaft gehört der Gemeinschaft« ist weiterhin so zu verstehen, dass ihre Entwicklung und ihr Gelingen nicht nur auf den Schultern der Führungskräfte ruht, sondern auf denen aller. Jeder Einzelne ist dafür verantwortlich, dass Gemeinschaft geschieht. Und das bedeutet, dass die Autorität bestenfalls geteilt wird. Teilen heißt aber nicht, sie aus der Hand zu geben. Autorität zu teilen wiederum bedeutet, dass die Verantwortlichen bestenfalls gemeinsam eine Entscheidung herbeiführen, wenn erforderlich auch mit dem letzten Wort des Entscheidungsträgers. Die Verbundenheit einer Gemeinschaft hängt von dem Gespür der Führungskraft ab, in welchen Situationen sie mit dem letzten Wort eine Entscheidung hervorruft. Treffe ich keine Entscheidungen, entsteht jenes gefährliche Vakuum, das sich mit den unterschiedlichen Sichtweisen der Beteiligten füllt. Lasse ich die Gemeinschaft in schwierigen, sie vielleicht überfordernden Situationen mit den Entscheidungen allein, wird dies zu einer Spaltung innerhalb der Gemeinschaft führen. Zukunftsfähige Führungskräfte nutzen daher ihre Autorität, um eine Gemeinschaft zusammenzuschweißen, und nicht, um sie zu spalten.

All das macht nochmals deutlich, weshalb bei wichtigen Entscheidungen das Team zusammenzurufen ist. Der Grund liegt in der Weisheit der Gemeinschaft. Führungskräfte kommen und gehen, aber die Gemeinschaft hat ihren Bestand und somit einen Pool an Erfahrung. Also ist es wichtig, dass die Führungskraft ihr Anliegen gut vorbereitet darlegt und der Gemeinschaft die Möglichkeit gibt, ihre Impulse und Fragen einzubringen. Mit diesen aus der Gemeinschaft entstandenen Gedanken hat die Führungskraft dann alles beisammen, um eine Entscheidung zu treffen. Sie muss erkennen, dass sie ihre Autorität zum Wohle der Gemeinschaft einsetzt, ihr dient, und nicht dafür, ihr Ich-Gefühl zu stärken. Die Aufforderung an die Mitarbeiter besteht darin, im Anliegen der Führungskraft die Wahrheit zu entdecken. Gemeinsam ist deshalb herauszufinden, inwiefern die Entscheidung die Belange der Gemeinschaft berücksichtigt und durchführbar bleibt. Maßstab für die Entscheidung sind dann die Rückmeldungen aus der Gemeinschaft. Und das Gewissen.

Entscheidungen brauchen die Kraft der Gefühle genauso wie die des Verstands. Einige Entscheidungen treffe ich aus dem Bauch heraus, während ich vor anderen die Argumente sorgfältig abwäge. Beides ist wichtig. Am stärksten waren bei mir jedoch die Entscheidungen, die zwischen Gefühl und Verstand entstanden sind. Zwischen dem Kopf und dem Bauch liegt das Herz. Und Entscheidungen, die ich aus dem Herzen getroffen habe, die der Logik des Herzens gefolgt sind, waren die, welche die stärksten Folgen für die Entwicklung des Unternehmens mit sich gebracht haben. Es geht um die Synthese zwischen Kopf und Bauch.

Im Kontext von Entscheidungen ist von größter Bedeutung, dass sie getroffen werden. Der Erfolg war abhängig von der Anzahl der Entscheidungen, die Mitmenschen getroffen haben. Einige berichteten mir, dass sie viele Entscheidungen beschlossen haben, von denen ein Großteil auch nicht so gut war. Aber der Erfolg ist dann aus denen entstanden, die gut und richtig waren.

Andererseits müssen wir uns folgende Frage stellen: Wann müssen wir überhaupt eine Entscheidung treffen? Stimmt nicht die Aussage: »Das meiste ist sowieso egal«? Ich denke, dass wir uns bei vielen Dingen Entscheidungen abringen, die tatsächlich egal sind. Kaufe ich das eine oder das andere? Als wir in unserer Entwicklungswerkstatt über einen eher philosophischen Weg der Entscheidungsfindung sprachen, fragte mich ein Mitarbeiter, wie ich die Entwicklung der Entscheidungen im Laufe der letzten hundert Jahre einschätzen würde. Meine Antwort: »Ich weiß es nicht, aber ich nehme mal an, dass wir einen Großteil der Entscheidungen, die wir getroffen haben, nicht hätten treffen müssen.«

Einige Unternehmer haben das nicht nur sprachlich offenbart, sondern auch optisch gezeigt. Der Apple-Gründer Steve Jobs hatte sich davor bewahrt, jeden Morgen die Entscheidung treffen zu müssen, was er anziehen sollte. Sein Argument: Es geht darum, seine Energie für die Entscheidungen zu nutzen, die wirklich wichtig sind. Aber auch die unwichtigen Entscheidungen kosten Energie, und je mehr Entscheidungen ich pro Tag treffe, desto schlechter werden sie. Denn am Schluss des Tages fehlt die Kraft dafür, gute Entscheidungen zu treffen. Also versuchte Jobs, die Anzahl seiner Entscheidungen auf die wirklich wichtigen zu reduzieren. Entsprechend ist die Frage, welche Entscheidungen ich am Tag treffen muss, sehr relevant. Was mir als Maßstab hilft, sind meine vorformulierten Absichten, mit denen ich in ein Gespräch, in einen Workshop gehe oder vielleicht sogar mein Unternehmen führe. Und da es meine Absicht ist, Menschen zu stärken, frage ich mich: Stärkt das, was ich produziere, anbiete, leiste, tue, sage oder entscheide, meine Mitmenschen und die Gemeinschaft?

Beteiligung, Entscheidung, Verantwortung// Wichtig zu wissen: Nur weil wir etwas partizipativ mit einem Team erarbeiten, heißt das noch lange nicht, dass das, was wir erarbeitet haben, zum Selbstläufer wird und genauso gelebt und umgesetzt wird, wie es zusammengetragen wurde. Beim Erstellen des Leitbilds und der ersten Entscheidungsprozesse im Gästehaus der Abtei Münsterschwarzach wurde dies noch einmal deutlich. Wir haben die Mitarbeiter sehr stark integriert und die Werte herausgefunden, die ihnen über die vielen Jahre der Zusammenarbeit wichtig geworden waren. Diese Werte haben wir in einem gemeinsamen Prozess zu einem Leitbild geformt. Zusätzlich haben wir nach dessen Erstellung den wohl wichtigsten Prozess erarbeitet, den Entscheidungsprozess. Auch diesen haben wir gemeinsam mit Blick auf die *Regel des heiligen Benedikt* erschlossen und für gut befunden. Aber weil wir hier einen Entscheidungsprozess verfolgten, der für alle Beteiligten nicht den bekannten Mustern entsprach, konnten wir nicht davon ausgehen, dass die

Entscheidung von allen Beteiligten sofort umgesetzt werden konnte. Die Erfahrung zeigt, dass über Jahre entwickelte Verhaltensmuster nicht einfach abgestellt oder verändert werden können. Die eigentliche Arbeit beginnt erst. Und das ist dann Führungsarbeit: Die aus den neuen Vorgehensweisen hervorgegangenen Verhaltensmuster müssen eingeübt werden. Und das ist knallharte Arbeit.

Zahlen für Skeptiker

Der von uns sogenannte Upstalsboom-Weg, der in der Öffentlichkeit auch als *Die stille Revolution* beschrieben und verfilmt wurde, findet seinen Ursprung in einer Zeit, in der die Upstalsboom Unternehmensgruppe negative Ergebnisse schrieb. Mit den damaligen Umsätzen im niedrigen zweistelligen Millionenbereich mussten wir seinerzeit noch einen Jahresfehlbetrag im mittleren sechsstelligen Bereich verkraften. Auch in dem darauffolgenden Jahr verbesserte sich das Ergebnis nur marginal, sodass wir erst im dritten Jahr nach Beginn unserer Revolution eine positive Umsatzrendite in Höhe von elf Prozent bei nahezu gleichbleibenden Umsätzen erzielen konnten. Doch in den darauffolgenden fünf Jahren verdreifachte sich nicht nur der Umsatz, sondern verdoppelten sich auch die Ergebnisse wichtiger wirtschaftlicher Kennzahlen wie die Cashflow-Umsatzrendite (von elf Prozent auf 22 Prozent), die Cashflow Ratio (von 2,6 Prozent auf 5,2 Prozent) und die Eigenkapitalquote (von 19 Prozent auf 38 Prozent).

Die Krankheitsquote ist seit Beginn der stillen Revolution von über 12 Prozent auf durchschnittlich knapp unter zwei Prozent gesunken. Die derzeitige Mitarbeiter- respektive Fachkräfteverfügbarkeit ist in dem Maße gewährleistet, wie sie das operative Geschäft erfordert. Gleiches gilt auch für die Besetzung von Ausbildungsstellen. Derzeit müssen wir leider drei von vier Bewerbern absagen, wobei es auch bei uns im Unternehmen überall dort zu Negativabweichungen kommen kann, wo Menschen den von uns formulierten Ansprüchen neuer Führung nicht ausreichend gerecht werden. Der Faktor zwischen dem niedrigsten und höchsten Gehalt beträgt derzeit 5,5.

Die durchschnittliche Zugehörigkeit eines Mitarbeiters in unserem Unternehmen ist etwa dreimal so hoch wie in »unserer« Branche. Darüber hinaus wurden in den letzten Jahren keine Gewinne ausgeschüttet, sie wurden für die Sicherung und Weiterentwicklung der Menschen, des Unternehmens und der Unterstützung sozialer Projekte im In- und Ausland verwendet. Nach wie vor befindet sich das Unternehmen im Wandel zu einer gemeinnützigen Stiftung, der aufgrund seiner Komplexität mehr Zeit als ursprünglich angedacht einnimmt.

Wichtig ist noch zu erwähnen, dass wir die wirtschaftliche Entwicklung der letzten zehn Jahre zu keiner Zeit als Ziel formuliert haben. Überdies vertreten wir die Auffassung, dass wir nicht trotz, sondern wegen der Ausrichtung auf die Stärkung des Menschen auf diese wirtschaftliche Entwicklung schauen dürfen. Diejenigen, die die neue Art der Führung wieder nur als Mittel zum Zweck betrachten, höhere Gewinne zu schreiben, Aktionäre ruhig oder zufrieden zu stellen, bekannter zu werden oder mehr Anerkennung zu bekommen, werden früher oder später scheitern. Denn die Mitarbeiter werden spüren, ob sie benutzt oder tatsächlich dafür gebraucht werden, etwas Sinnvolles ins Leben zu rufen.

Von daher geht es vor Beginn eines unternehmenskulturellen Wandels vor allem um die Antwort auf die Frage, mit welcher Absicht ich den Wandel oder auch die Transformation im Unternehmen voranbringen möchte. Diejenigen, die die Absicht verfolgen, Menschen zu stärken, die sich mit ihrer Führung ehrlich für die Entwicklung von Menschen einsetzen, werden nicht drumherum kommen, quasi als Nebenprodukt dieser dem Menschen zugewandten Führung, auch erstaunliche betriebswirtschaftliche Erfolge zu erleben. Denn wenn ich in den letzten Jahren etwas gelernt habe, dann das: Der Gewinn ist für ein Unternehmen so wichtig wie die Luft zum Atmen für einen Menschen. Doch ein Mensch lebt nicht nur, um zu atmen, sondern um etwas Sinnvolles im Leben zu tun.

Eine wahre Geschichte vom neuen Führen.
Wollen statt Sollen.
Inviting statt Recruiting.
Leitbild statt Leidbild.
Jetzt als kostenloses E-Book
Der neue Business-Roman von
Dr. Oliver Haas
Inspiriert aus der Zusammenarbeit mit Bodo Janssen
Geballte Expertise.
Mein Angebot für Führungskräfte und Unternehmen:
www.das-neue-fuehren.de